《我当建筑工人》丛书

漫话我当钢筋工

本社 编

中国建筑工业出版社

图书在版编目(CIP)数据

漫话我当钢筋工／中国建筑工业出版社编.－北京：
中国建筑工业出版社，2011
《我当建筑工人》丛书
ISBN 978-7-112-12753-5

Ⅰ.①漫… Ⅱ.①中… Ⅲ.①建筑工程－钢筋－
工程施工－基本知识 Ⅳ.①TU755.3

中国版本图书馆CIP数据核字（2011）第007377号

《我当建筑工人》丛书
漫话我当钢筋工
本社 编

*

中国建筑工业出版社出版、发行（北京西郊百万庄）
各地新华书店、建筑书店经销
北京风采怡然图文设计制作中心制版
北京建筑工业印刷厂印刷

*

开本：787×1092毫米 1/32 印张：3¾ 字数：100千字
2011年3月第一版 2011年3月第一次印刷
定价：10.00元
ISBN 978-7-112-12753-5
(20032)

内容提要

漫话《我当建筑工人》丛书，是专门为培训农民工编写绘制，是一套用漫画的形式解说建筑施工技术的基础知识和技能的图书；是一套以图为主、图文并茂的建筑施工技术图解式图书；是一套农民工学习建筑施工技术的入门图书；是一套通俗易懂，简明易学的口袋式图书。

农民工通过阅读丛书，努力学习并勤于实践，既可以由表及里，培养学习建筑施工技术的兴趣；又可以由浅入深，深入学习建筑技术和知识，熟练掌握相应工种的基本技能，成为一名合格的建筑技术工人。

《漫话我当钢筋工》介绍了钢筋工的基础知识和基本技法，农民工通过学习本书，了解钢筋工的安全须知，学会钢筋工的入门技术，掌握钢筋工的基本技能，为当好钢筋工奠定扎实的基础。

本书读者对象主要为初中文化水平的农民工，也可以供建筑技术的培训机构作为培训初级钢筋工的入门教材。

责任编辑：曲汝铎

责任设计：李志立

责任校对：陈晶晶　姜小莲

编者的话

经过几年策划、编写和绘制，终于将《我当建筑工人》这套小丛书奉献给读者。

一、编写的意义和目的

为贯彻党中央、国务院在《关于做好农业和农村工作的意见》中“各地和有关部门要加强对农民工的职业技能培训，提高农民工的素质和就业能力”明确要求；为配合住宅与城乡建设部的建设职业技能培训和鉴定的中心工作；为搞好建筑工人，尤其是农民工的培训，将千百万农民工培养成为合格的建筑工人。为此，我们在广泛调查研究的基础上，结合农民工的文化程度和工作生活的实际情况，征询了广大农民建筑工人的意见，了解到采用漫画图书的形式，讲解建筑初级工的知识和技法，比较适合农民工学习和阅读。故此，我们专门组织相关的人员编写和绘制这套漫画类的培训图书。

编写好本丛书目的，是使文化基础知识较少的农民工，通过自学和培训，学会建筑初级工的基本知识，掌握建筑初级工的基本技能，具备建筑初级工的基本素质。

提高以农民工为主体的建筑工人的职业素质，不仅是保证建筑产品质量、生产安全和行业发展问题，而且是一项具有全局性、战略性的工作。

二、编写的依据和内容

根据住房与城乡建设部《建设职工岗位培训初级工大纲》要求，本丛书以图为主，如同连环画一样，将大纲要求的内容，通过生动的图形表现出来。每个工种按初级工应知应会的要求，阐述了责任和义务，强调了安全注意事项，讲解了工种所必须掌握的基础知识和技能技法。让农民工一看就懂，一看就明，一看就会，容易理解，易于掌握。

考虑到农民工的工作和生活条件，本丛书力求编成一套口袋式图书，既有趣味性和知识性，又有实用性和针对性；既要图文并茂、画面生动，又要动作准确、操作规范。农民工随身携带，在工作期间、休息之余，能插空阅读，边看边学，学会就用。

第一次编写完成的图书有《漫话我当抹灰工》、《漫话我当油漆工》、《漫话我当建筑木工》、《漫话我当混凝土工》、《漫话我当砌筑工》、《漫话我当架子工》、《漫话我当建筑电工》、《漫话我当钢筋工》和《漫话我当水暖工》。其他工种将根据农民工的需要另行编写。

三、编写的原则和方法

首先，从实际出发，要符合大多数农民工的实际情况。第五次全国人口普查资料显示，农村劳动力的平均受教育年限为7.33年，相当于初中一年级的文化程度。因此，我们把读者对象的文化要求定位为初中文化水平。

其次，突出重点，把握大纲的要求和精髓。抓住重点，做到画龙点睛、提纲挈领，使读者在最短的时间内，以不高的文化水准，就能理解初级工的技术要求。

第三，尽量采用简明通俗的语言，解释建筑施工的专业词汇，尽量避免使用晦涩难懂的技术术语。

最后，投入相当多的人力、物力和财力编写和绘制，对初级工的要求和应知应会，通过不多的文字和百余幅图，尽可能简明、清晰地表述。

1.在大量调研的基础上，了解农民工的文化水平，了解农民工的学习要求，了解农民工的经济能力和阅读习惯，然后聘请将理论和实践相结合的专家，聘请与农民工朝夕相处，息息相关的技术人员编写图书的文字脚本。

2.聘请职业技术能手，根据脚本来完成实际操作，将分解动作拍摄成照片，作为绘画参考。

3.图画的制作人员依据文字和照片，完成图画，再请脚本撰写者和职业技术能手审稿，反复修改，最终完成定稿。

四、编写的方法和尺度

目前，职业技术培训存在着教学内容、考核大纲、测试考题与现实生产情况不完全适应的问题，而职业技术培训的教材多是学校老师所编写。由于客观条件和主观意识所限，这些教材大多类同于普通的中等教育教材，文字太多，图画太少。对农民工这一读者群体针对性不强，使平均只有初中一年级文化程度的农民工很难看懂，不适合他们学习使用。因此，我们在编写此书时，注意了如下要点：

1. 本丛书表述的内容，注重基础知识和技法，而并非最新技术和最新工艺。本丛书培训的对象是入门级的初级工，讲解传统工艺和基本做法，让他们掌握基础知识和技法，达到入门的要求，再逐步学习新技术和新工艺。

2. 本丛书编写中注意与实际结合，例如，现代建筑木工的工作，主要是支护模板，而非传统的木工操作，但考虑到全国各地区的技术和生产差异较大，使农民工既能了解模板支护方面的知识和技能，又能掌握传统木工的知识和做法。故此，本丛书保留了木工的基础知识和技法。另如，《漫话我当架子工》中，考虑到全国各地的经济不平衡性和地区使用材料的差异，仍然保留了竹木脚手架的搭设技法和知识。

3. 由于经济发展和技术发展的进度不同，发达地区和欠发达地区在技术、材料和机具的使用方面有很大的差异，考虑到经济的基础条件，考虑到基础知识的讲解，本丛书仍保留技术性能比较简单的机具和工具，而并非全是新技术和新机具。

五、最后的话

用漫画的形式表现建筑施工技术的内容是一种尝试，用漫画来具体表现操作技法，难度较大。一般说，建筑技术人员没有经过长期和专业的美术培训，难于用漫画准确地表现技术内容和操作动作；而美术人员对建筑技术生疏，尽管依据文字和图片画出的图稿，也很难准确地表达技术操作的要点。所以，要将美术表现和建筑技术有机地结合起来，圆满、准确地表达技术内容，难度更大。为此，建筑技术人员与绘画人员经过反复磨合和磋商，力图将图中操作人员的手指、劳动的姿态、运动的方向和力的表现尺度，尽量用图画准确表现，为此他们付出了辛勤的劳动。

尽管如此，由于本丛书是一种新的尝试，缺少经验可以借鉴。同时，限于作者的水平和条件，本书所表现的技术内容和操作技法还不很完善，也可能存在一些的瑕疵，故恳请读者，特别是农民工朋友给予批评和指正，以便在本丛书再版时，予以补充和修正。

本丛书在编写过程中得到山东省新建集团公司、河北省第四建筑工程公司、河北省第二建筑工程公司，以及诸多专家、技术人员和农民工朋友的支持和帮助，在此，一并表示衷心的感谢。

《我当建筑工人》丛书编写人员名单

主　　编：曲汝铎

编写人员：史曰景　王英顺　高任清　耿贺明
　　　　　周　滨　张永芳　王彦彬　侯永忠
　　　　　史大林　陆晓英　闻凤敏　吕剑波

漫画创作：风采怡然漫画工作室

艺术总监：王　峰

漫画绘制：王　峰　张永欣　张晓鹿　王丽娴
　　　　　田　宇　公　元

版式制作：王文静　邢　爽

目 录

一、基本概述

1.什么是钢筋工

使用手工工具或机械设备，按照施工员提供的钢筋加工单，将钢筋加工成各种成品、半成品，再将制作好的成品、半成品钢筋，按施工图要求绑扎、安装的操作工人。

2.怎样当好钢筋工

有良好的职业道德，掌握相应的安全知识，有自我保护意识。了解钢筋的一般工艺性能知识，掌握钢筋加工、安装的一般要求和步骤，掌握钢筋常用机械设备的使用方法。

二、安全生产和文明施工

1.安全施工的基本要求

（1）进入施工现场，禁止穿背心、短裤、拖鞋，必须戴好安全帽，穿胶底鞋或绝缘鞋。

（2）现场操作前，必须检查安全防护措施要齐备，必须达到安全生产的需要。

（3）高空作业不准向上或向下乱抛材料、工具等物品，防止架子上、高梯上的材料、工具等物品落下伤人，地面堆放管材防止滚动伤人。

（4）交叉作业时，应特别注意安全。

（5）施工现场应按规定地点动火作业，应设专人看管火源，并设置消防器材。

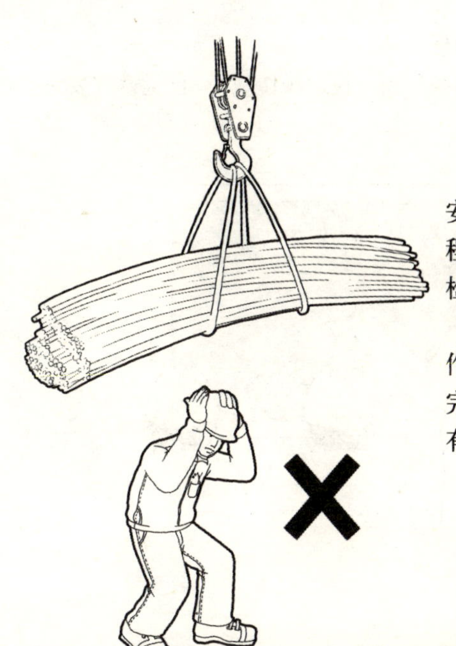

(6) 各种机械设备要有安全防护装置，要按操作规程操作，应对机械设备经常检查保养。

(7) 吊装区域禁止非操作人员进入，吊装设备必须完好，吊臂、吊装物下严禁有人站立或通过。

(8) 夜间在暗沟、槽、井内施工作业时，应有足够照明设备和通气孔口，行灯照明要有防护罩，应用36V以下安全电压，金属容器内的照明电压应为12V。

2. 生产工人的安全责任

（1）认真学习，严格执行安全技术操作规程，自觉遵守安全生产各项规章制度。

（2）积极参加安全教育，认真执行安全交底，不违章作业，服从安全人员指导，不违章作业。

(3) 发扬团结互助精神，互相提醒、互相监督，安全操作，对新工人应加强传授安全生产知识，维护安全设备和防护用具，并正确使用。

(4) 发生伤亡和未遂事故，要保护好现场，立刻上报。

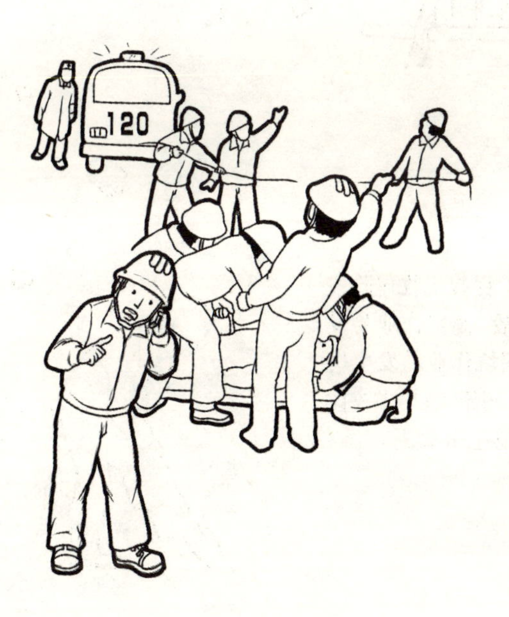

3.安全事故易发点

（1）下雨时，施工现场易发生淹溺、坍塌、坠落、雷击等意外事故，酷热天气露天作业易发生中暑，室内或金属容器内作业易造成昏晕和休克。

（2）工程竣工收尾阶段易发生事故，高空作业易发生坠落，深坑作业易发生坍塌事故，夜间施工，后半夜比前半夜易发生事故。

(3) 节假日、探亲假前后思想波动大，易发生事故，小工程和修补工程易发生事故。

(4) 新工人安全技术意识淡薄，好奇心强，往往忽视安全生产，易发生事故。

4. 文明施工

(1) 施工现场要保持清洁，材料堆放整齐有序，无积水，要及时清运建筑和生活垃圾。

(2) 施工现场严禁随地大小便，施工区、生活区划分明确。

(3) 生活区内无积水，宿舍内外整洁、干净、通风良好，不许乱扔、乱倒杂物和垃圾。

(4) 施工现场厕所要有专人负责清扫并设有灭蚊、灭蝇、灭蛆措施，粪池必须加盖。

(5) 严格遵守各项管理制度，杜绝野蛮施工，爱护公物，及时回收零散材料。

(6) 夜间施工严格控制噪声，做到不扰民，挖管沟作业时，尽量不影响交通。

5.钢筋工的安全须知

（1）装卸、吊装钢筋时，注意起重臂下不能站人，装卸平稳，吊点和位置应符合要求，在吊运和安装过程中避免钢筋脱落伤人。

（2）钢筋除锈时，应戴防护眼镜，以免铁锈伤及眼睛。

（3）钢筋调直时，圆盘钢筋放入放圈架上要平稳，如有乱丝或钢筋托架时，必须停车处理，操作人员不能离机械太远，以防发生故障时不能立即停车而造成事故。

（4）钢筋切断时，应握紧钢筋，待活动刀片后退时，及时将钢筋送进刀口，不要在活动刀片开始向前推进时向刀口送料，以免断料不准，甚至发生机械事故及伤人事故。

1）长度在300mm以内的短料，不能直接用手送料切断，以免伤及手指或手臂；

2）禁止切断超过切断机技术性能规定的钢筋，以及超过刀片硬度或烧红的钢筋；

3）切断钢筋后，刀口处的屑渣不能直接用手清除或用嘴吹，而应用毛刷清扫干净；

(5) 使用弯曲机时，要熟悉倒、顺开关的使用方法，以及所控制的工作盘旋转方向：

1）严禁在机械运转过程中更换心轴、成型轴、挡铁轴，或清扫、注油；

2）弯曲较长钢筋应有专人协助扶持，协助人员应听从指挥不能任意推送；

3）使用机械弯曲钢筋时，操作人员不要戴手套操作，以免被钢筋勾住手套，将手带入运转的机械，造成伤人事故。

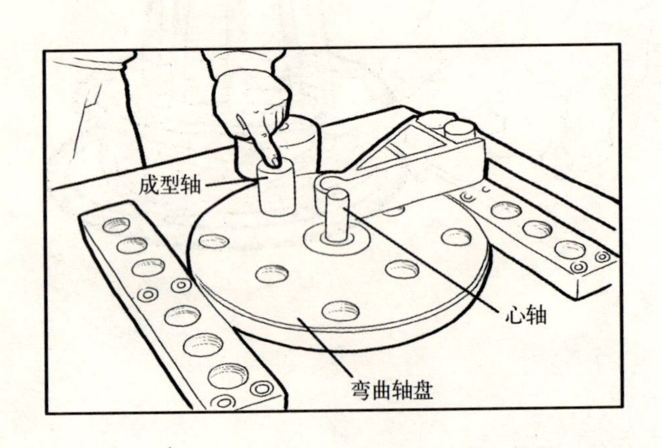

（6）利用冷拉钢筋调直时，操作人员注意力应高度集中，防止钢筋突然拉断或从夹具中滑脱弹出伤人。

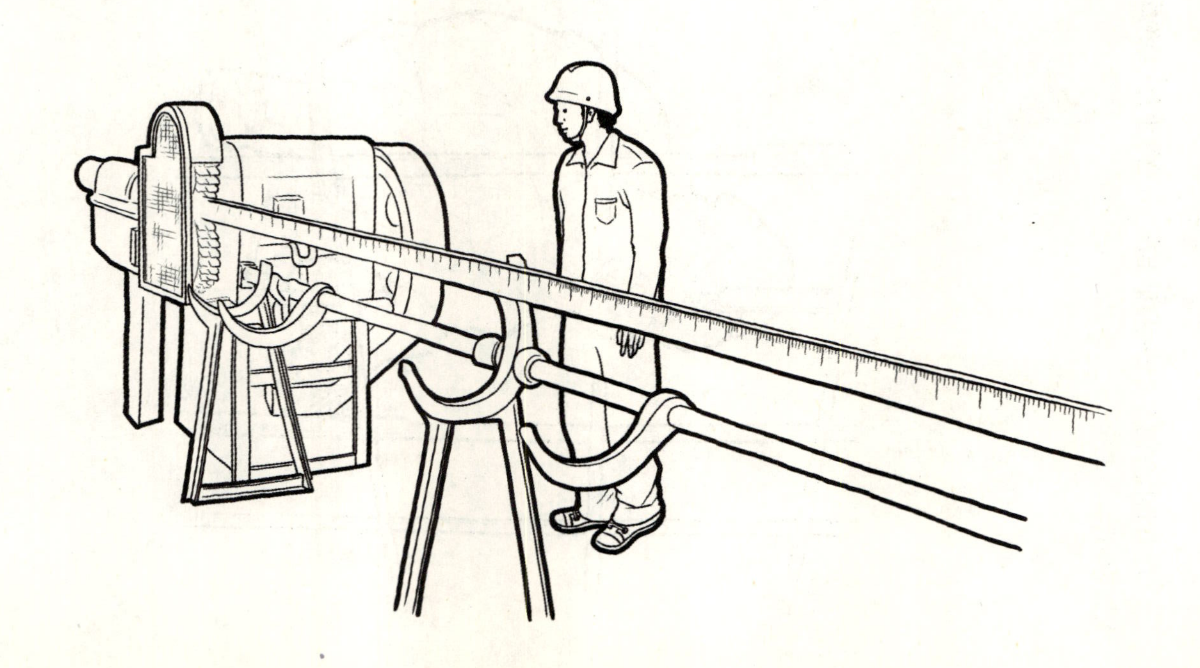

(7) 焊接操作的人员必须持证上岗，戴绝缘手套，穿绝缘鞋，戴好防护眼镜。

(8) 现场施工竖向钢筋焊接，将钢筋顺直时，应防止用力过猛，致使钢筋倾斜将人带倒或碰伤。

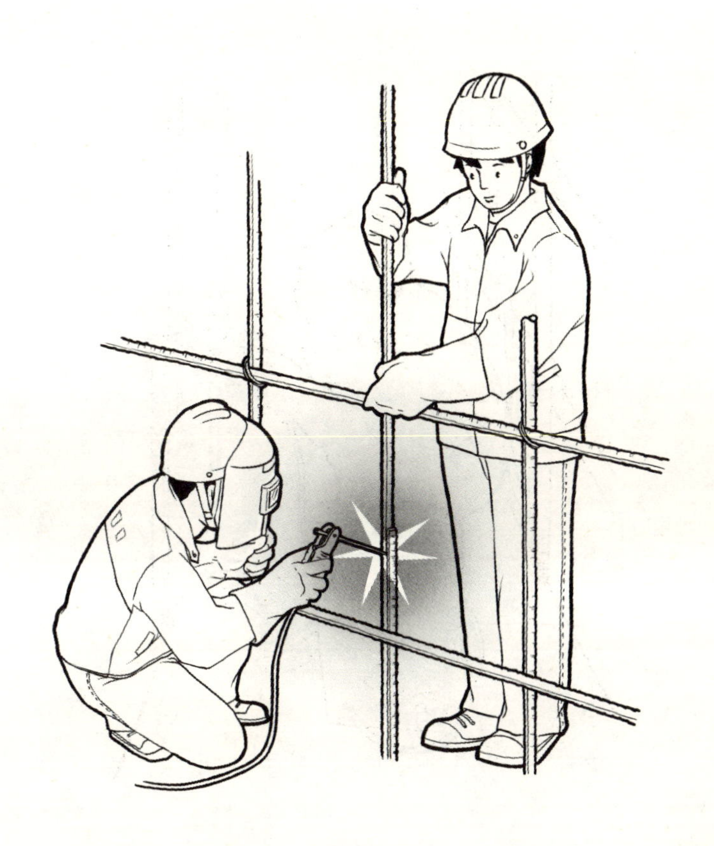

(9) 在高空焊接作业时，应将工具、小型机具和设备放在安全处，防止掉落伤人。

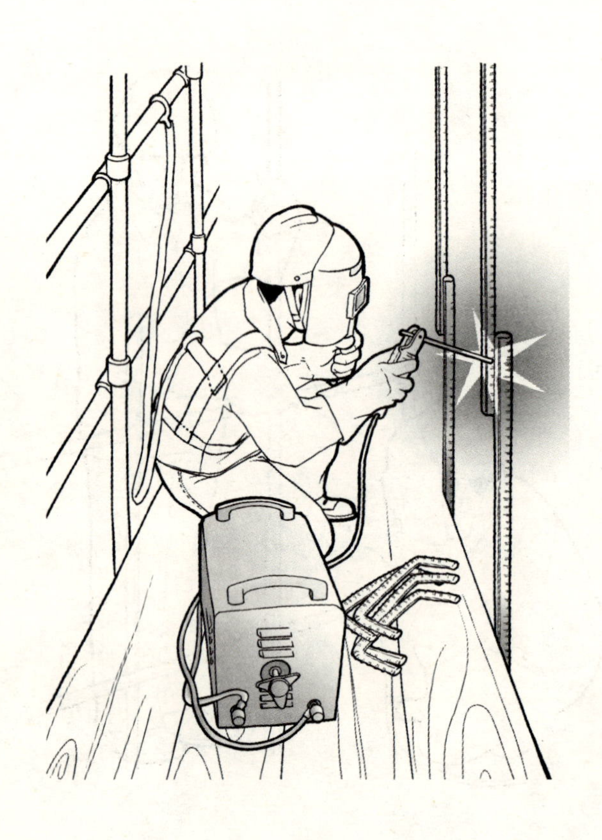

（10）钢筋不要集中堆放在脚手架上或模板上，避免超载，出现脚手架或顶板模坍塌事故。

（11）禁止以柱或墙的钢筋骨架作为上下梯子攀登操作，柱子钢筋骨架超过 4 米时，在骨架中间应加设支撑杆，加以稳固。

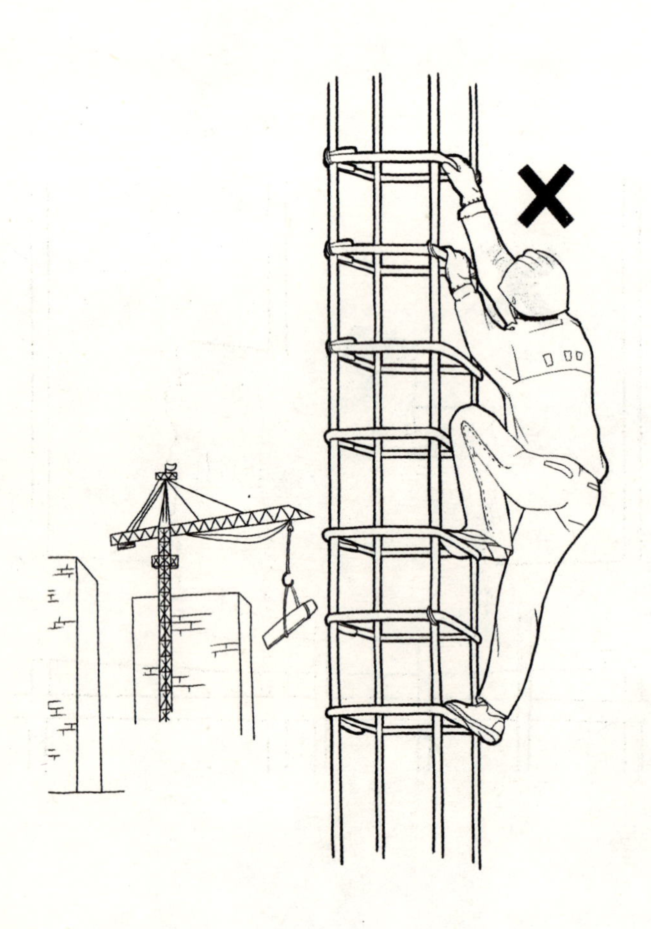

（12）钢筋成品或半成品堆放场地应平整，下垫木楞，并有良好的排水措施，堆放不应过高，以免倒塌伤人。

三、钢筋工具和机械

1.钢筋工具

（1）钢筋钩子：绑扎钢筋用。

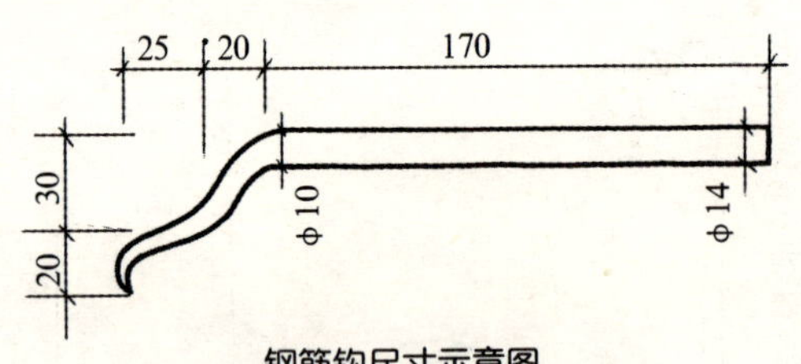

钢筋钩尺寸示意图

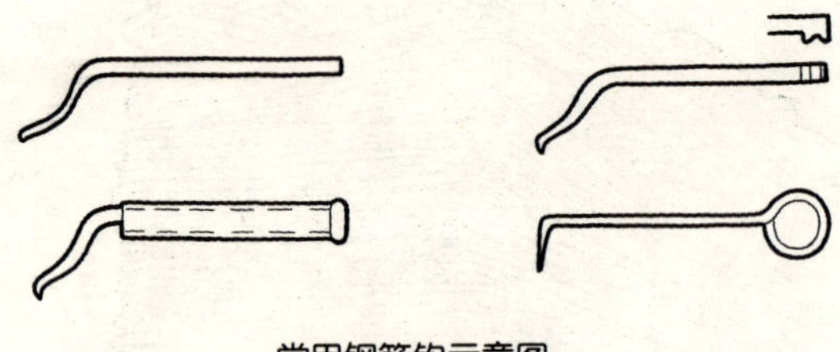

常用钢筋钩示意图

（2）力矩扳手：钢筋机械连接用。

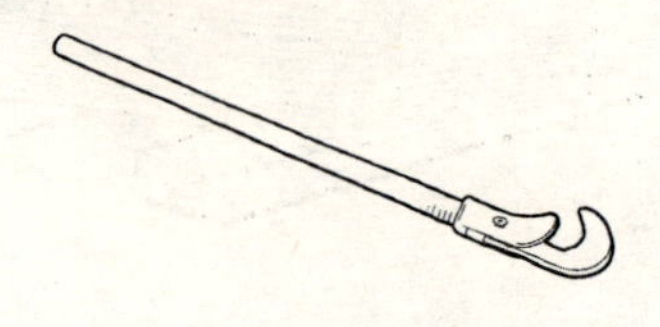

力矩扳手示意图

（3）钢筋扳子：弯制钢筋用，它主要与卡盘配合使用，分为横口扳子和顺口扳子两种。横口扳子又分为平头和弯头两种，弯头横口扳子仅在绑扎钢筋时，作为纠正钢筋位置用。

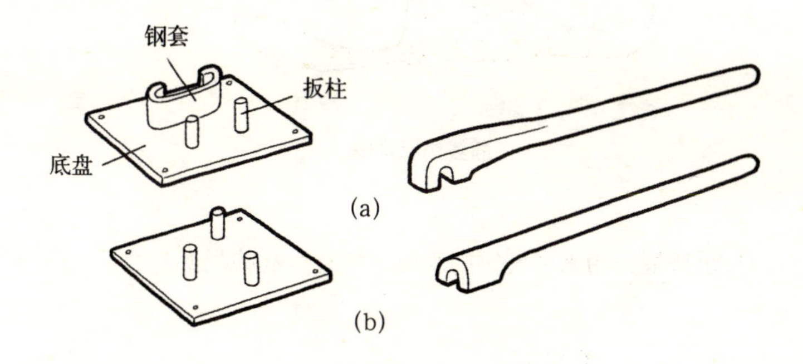

钢筋扳子、卡盘示意图

(a) 用来弯制直径为32mm的钢筋；(b) 一般用来弯制直径为20～25mm的钢筋

（4）手摇板：用来弯制直径在12mm以下的钢筋。

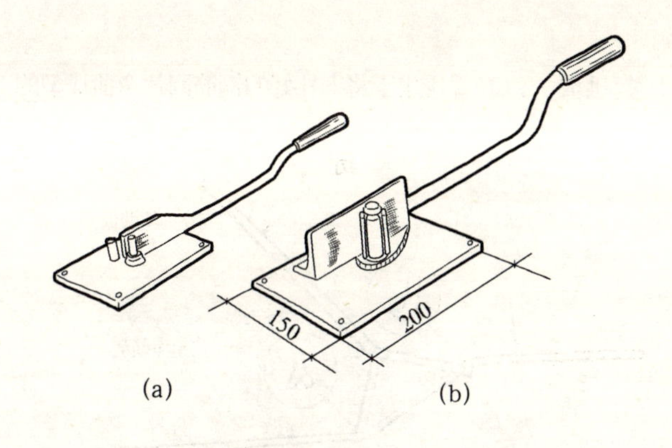

手摇板示意图

(a) 用来弯制单根钢筋；(b) 用来弯制多根钢筋

（5）断线钳：切断钢丝用。

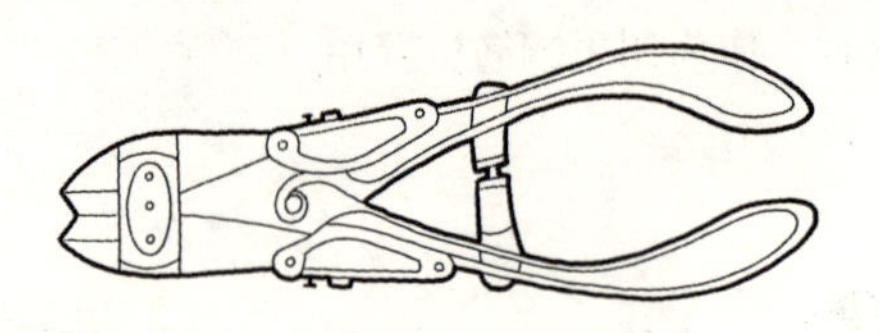

断线钳示意图

（6）小撬棍：用来调整钢筋间距，矫直钢筋的局部弯曲。

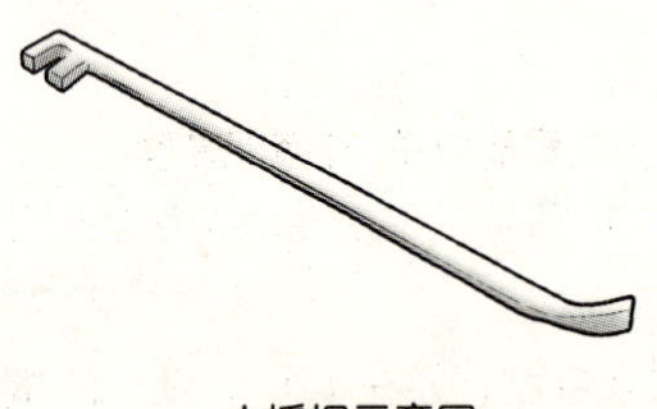

小撬棍示意图

（7）起拱板子：在现场用于将绑扎好的钢筋网片弯曲成型的工具。

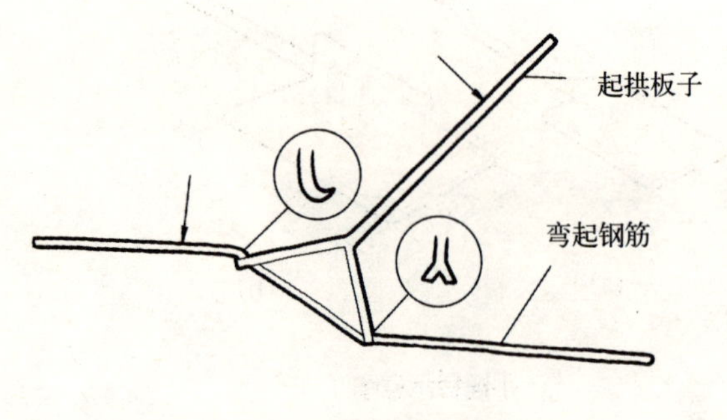

起拱板子示意图

（8）绑扎架：绑扎钢筋骨架时使用，根据绑扎骨架的轻重、形状选择相应的骨架。

轻型骨架绑扎架示意图

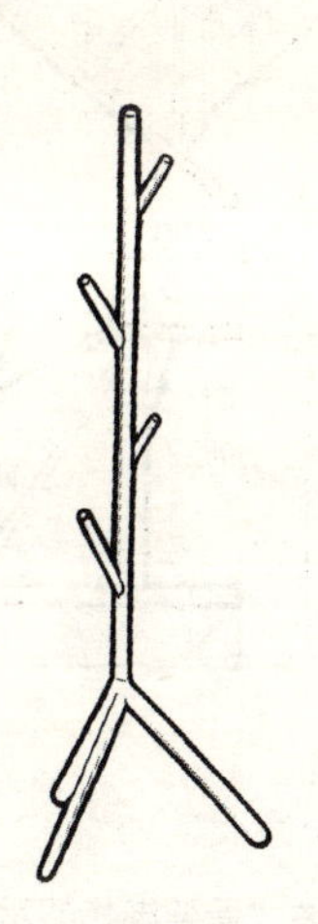

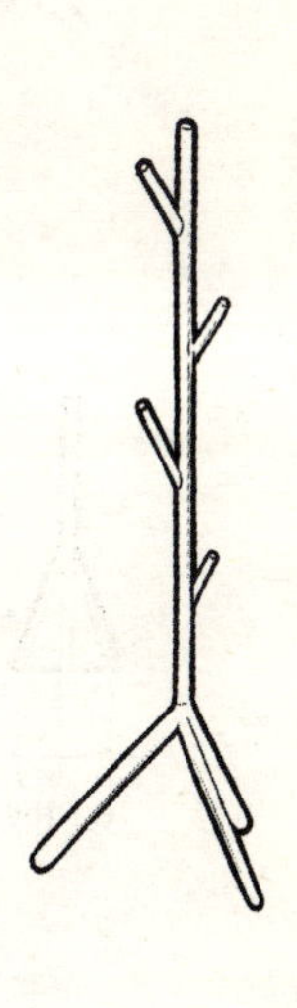

重型骨架绑扎架示意图

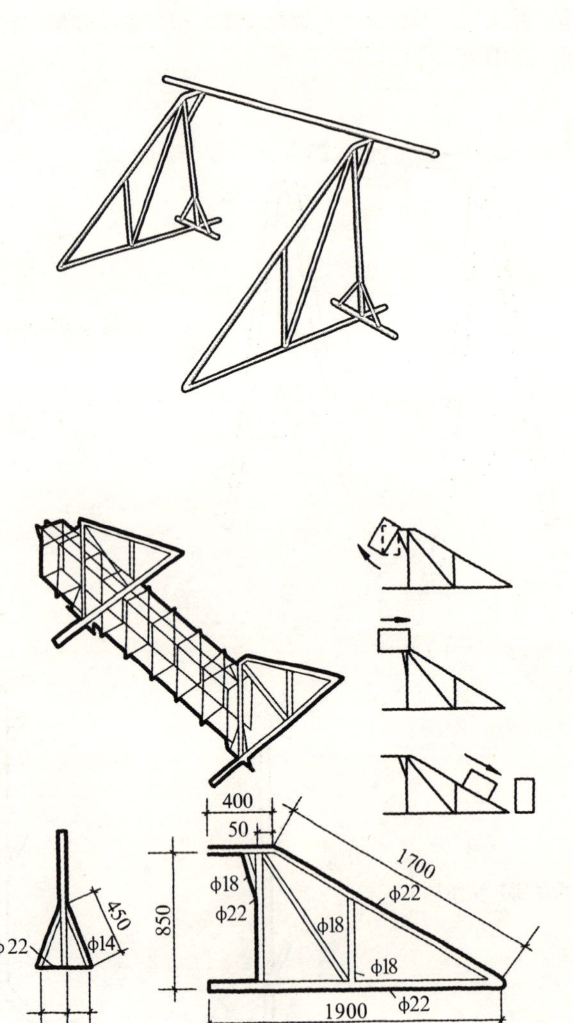

坡式骨架绑扎架示意图

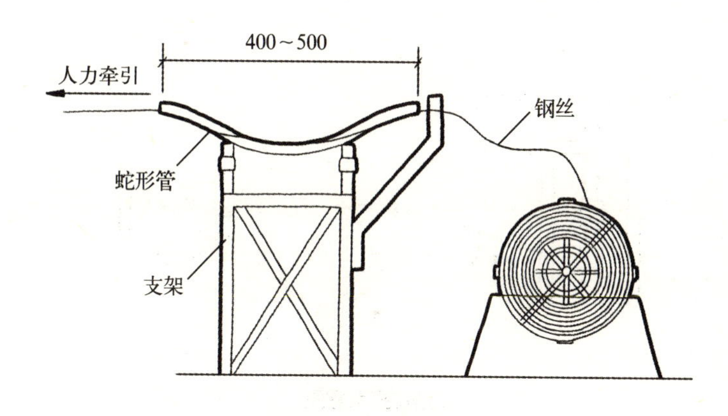

蛇形管拉直示意图

钢筋拉直机示意图

2. 钢筋机械

（1）钢筋调直机（又叫调直切断机）：用于调直冷拔低碳钢丝和直径不大于14mm的钢筋。

（2）钢筋拉直机（又叫大拉）：用于调直各种直径的钢筋。

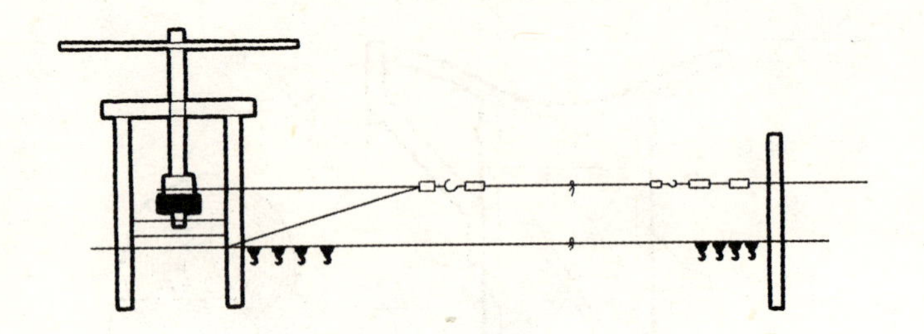

绞盘拉直示意图

(3）钢筋除锈机：用于清除钢筋上的铁锈。

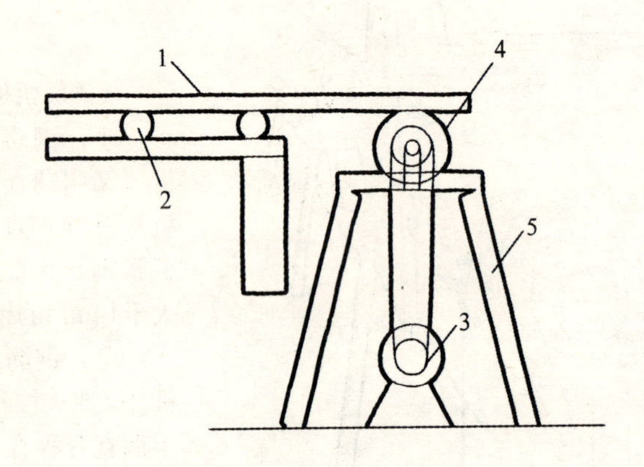

钢筋除锈机示意图

1—钢筋；2—辊道；3—电动机；4—钢丝刷；5—机架

(4）钢筋切断器：按下料长度切断钢筋用。

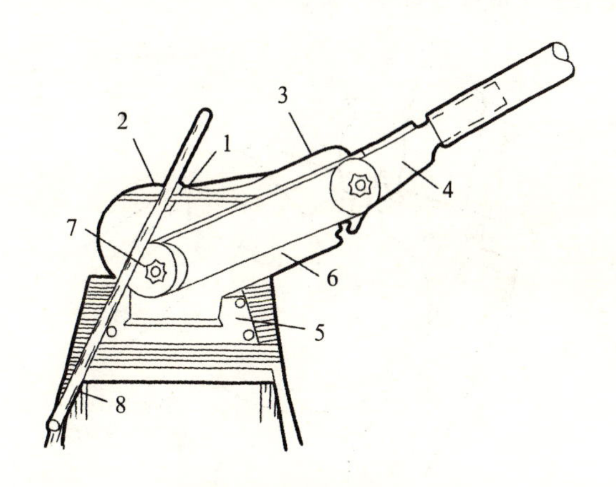

手动切断器示意图

1—固定刀口；2—活动刀口；3—边夹板；4—把柄；5—底座；6—固定板；7—轴；8—钢筋

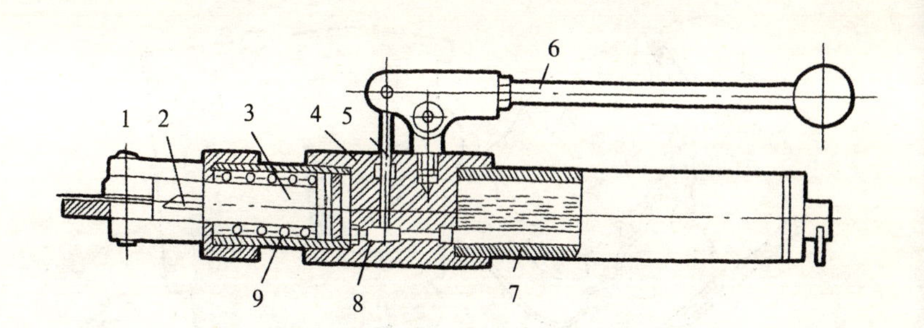

液压切断器示意图

1—滑轨；2—刀片；3—活塞；4—缸体；5—柱塞；6—压杆；7—储油筒；8—吸油阀；9—回位弹簧

（5）钢筋弯曲成型机：用于将已切断、配好的钢筋，按照施工图纸的要求，加工成规定的形状尺寸。

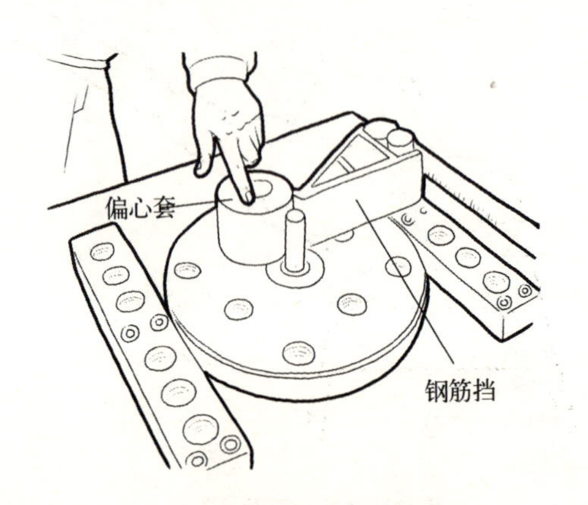

钢筋弯曲成型机示意图

（6）电焊机：用于钢筋的焊接（持证上岗操作）。

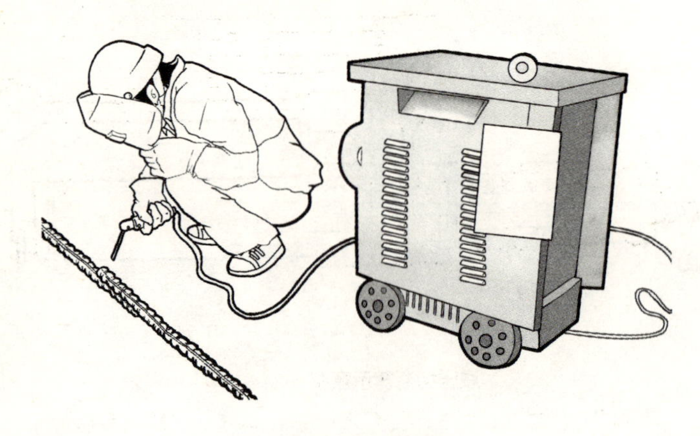

钢筋电焊机示意图

（7）套丝机：用于机械连接钢筋的套丝（持证上岗操作）。

套丝机示意图

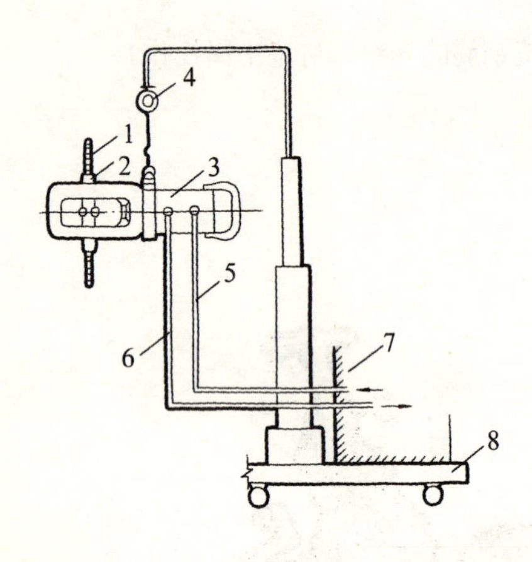

（8）钢筋冷挤压机：用于钢筋的机械连接（持证上岗操作）。

钢筋冷挤压机示意图

1—钢筋；2—套筒；3—挤压机；4—平衡器；5—进油管；6—回油管；7—油泵；8—小车

（9）电渣压力焊接机：用于钢筋的竖向接头连接（持证上岗操作）。

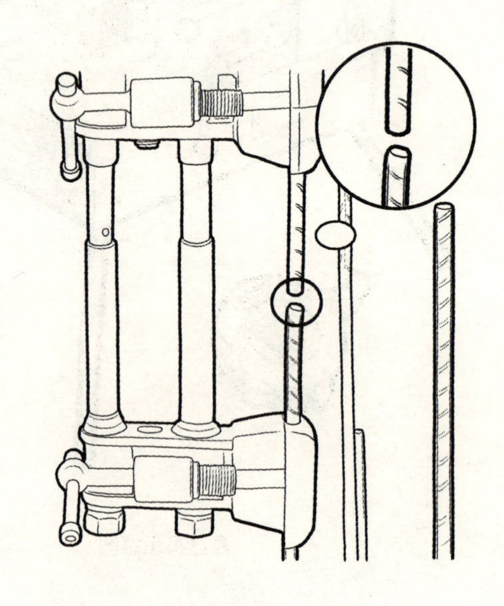

电渣压力焊接机示意图

（10）钢筋点焊机：用于钢筋网片的制作（持证上岗操作）。

钢筋点焊机示意图

1—电极；2—电极臂；3—变压器的次极线圈；4—加压机构；5—变压器初级线圈；6—短路器；7—踏板

（11）气压焊接设备：用于钢筋的接头连接（持证上岗操作）。

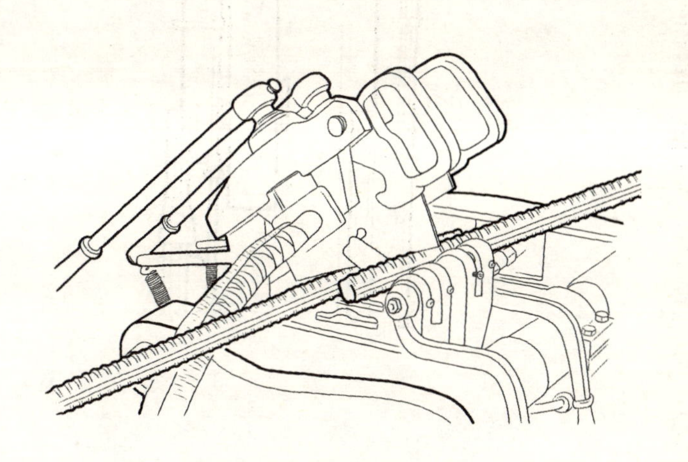

闪光对焊机示意图

（12）液压张拉设备：用于预应力钢筋的张拉(持证上岗操作)。

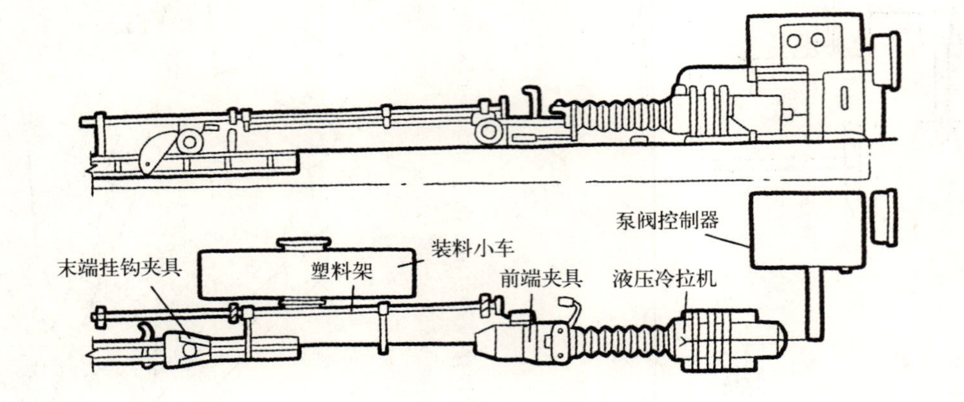

液压张拉设备示意图

四、钢筋的基础知识

1.外形分类的钢筋

（1）光圆钢筋：光面圆形截面的钢筋。光圆钢筋又分为盘条钢筋和直条钢筋两种。

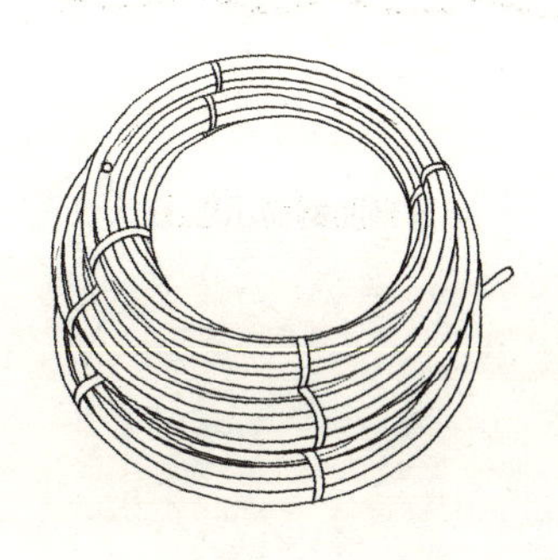

盘条钢筋示意图

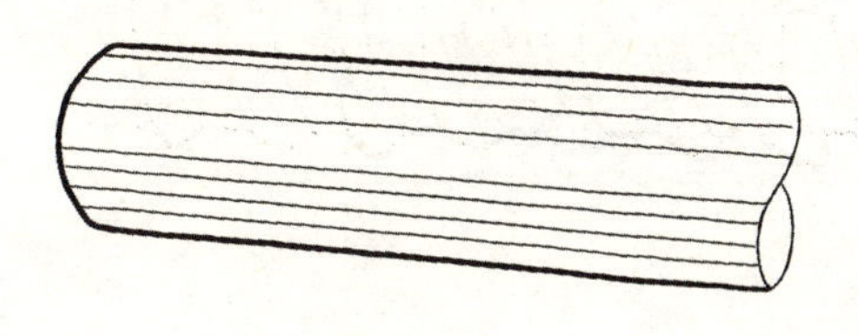

圆钢示意图

(2) 带肋钢筋：分为月牙带肋钢筋和等高肋钢筋两种。

月牙带肋钢筋示意图

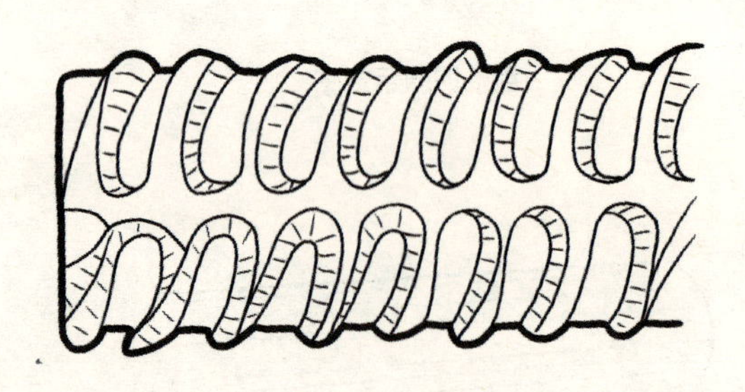

等高肋钢筋示意图

（3）钢丝

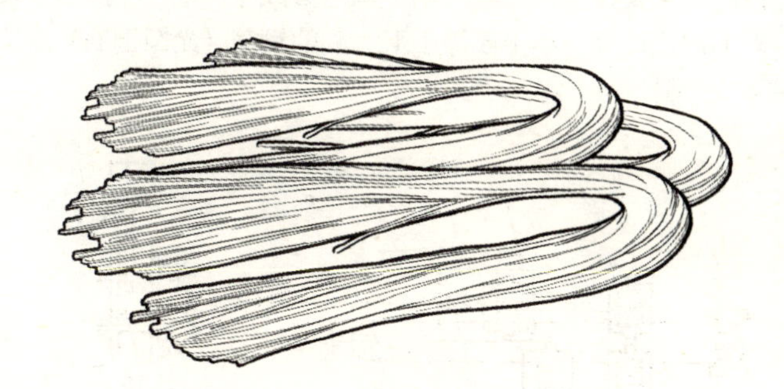

钢丝示意图

（4）冷轧带肋钢筋

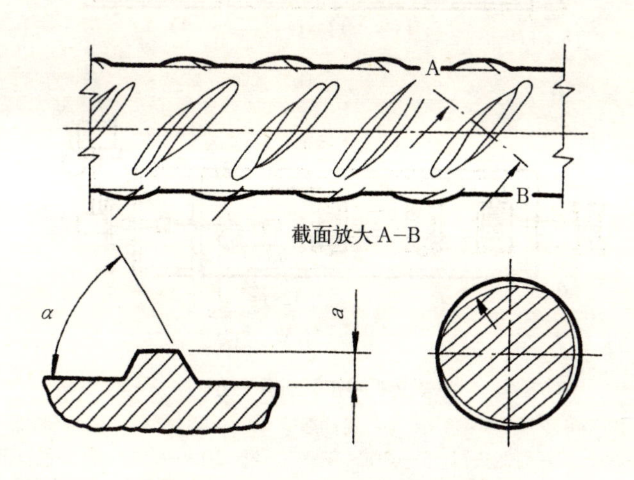

冷轧带肋钢筋示意图

2.冷拉钢筋

为了提高钢筋的强度及节约钢筋，工地上常对光圆钢筋（盘条）冷拉，冷拉时一定要按施工规程控制冷拉应力或冷拉率，冷拉率可按总长计。对 HPB235 级、小于或等于 12mm 的钢筋（光圆钢筋）冷拉率一般按 4%控制。

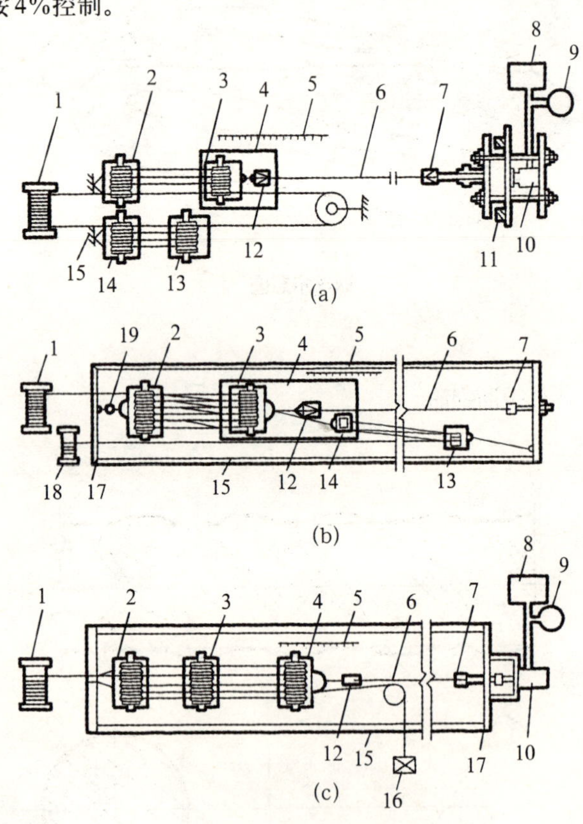

卷扬机冷拉钢筋示意图

1—卷扬机；2—固定滑轮组；3—移动滑轮组；4—冷拉小车；5—延伸标尺；6—钢筋；7—固定夹具；8—油泵；9—油压表；10—千斤顶；11—台座墩；12—冷拉端夹具；13、14—回程滑轮组；15—冷拉台座；16—回程荷重架；17—端横梁；18—回程卷扬机；19—电子秤

3.钢筋的检验

钢筋表面不得有裂纹、老锈、结疤和皱褶，钢筋表面允许有凸块，但不得超过横肋的最大高度，外形尺寸必须符合规定。

4.钢筋的保管

（1）钢筋进入现场后，必须严格按照炉号、批号、规格、直径、长度分别存放，并保留原始标牌，不得混放。

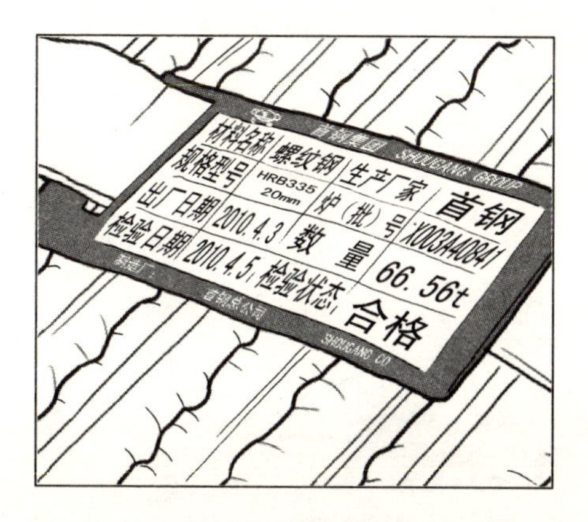

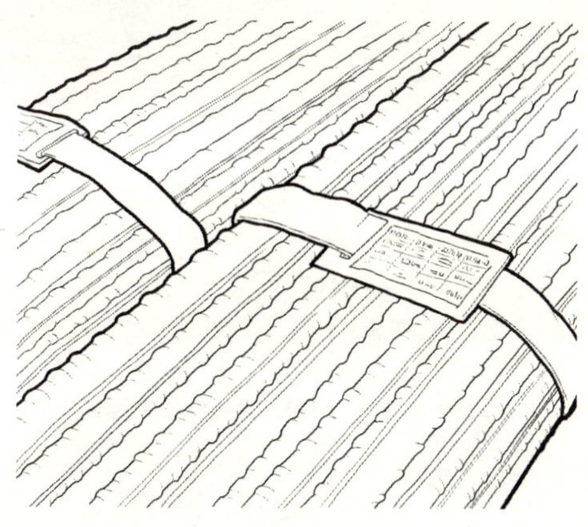

钢筋挂牌存放示意图

(2) 钢筋应尽量选择地势较高、土质坚实、较为平坦的场地存放，下面要加垫木等将钢筋架起，离地不少于200mm，以防钢筋锈蚀和污染。场地四周挖排水沟，以利排水。

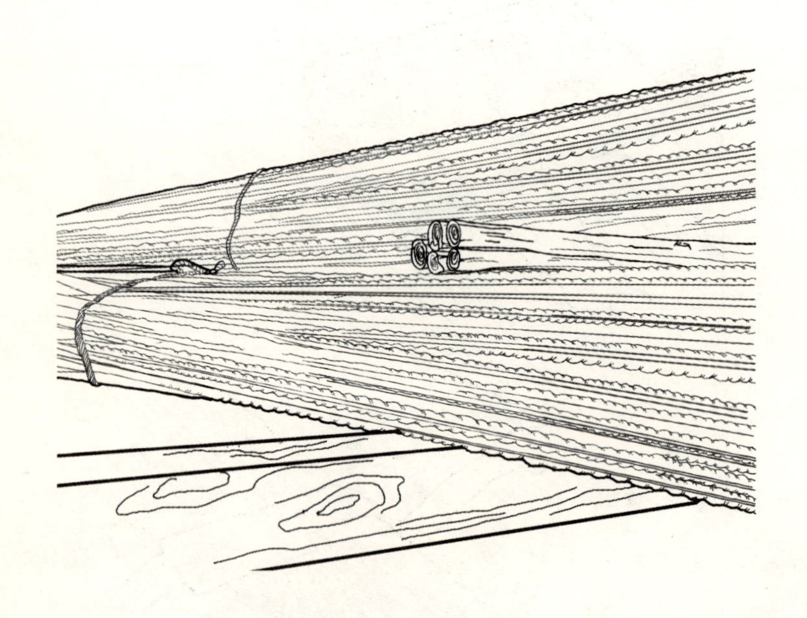

钢筋现场存放示意图

（3）制做好的钢筋成品、半成品要按工程名称和构件名称，按号码顺序存放。同一项工程与同一构件的钢筋存放在一起，按号挂牌排列，牌上写明构件名称、使用部位、钢筋形式、尺寸、直径、根数，不能将几项工程的钢筋混放在一起。

钢筋半成品存放示意图

5.钢筋的配料与计算

（1）钢筋混凝土构件配筋标注形式。

钢筋混凝土构件的配筋标注一般有两种形式：

1）标注钢筋数量和规格：钢筋混凝土梁、柱构件配筋用这种标注方式。此图表示主筋（纵向钢筋）为2根直径10mm的光圆钢筋（2 φ 10）和2根直径为20mm的光圆钢筋（2 φ 20）及2根直径为18mm的光圆钢筋（2 φ 18），还有直径为8mm的光圆箍筋（φ 8 @ 250）；

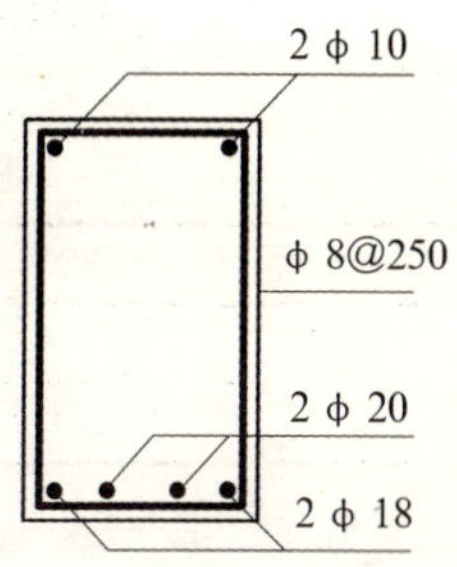

钢筋混凝土梁配筋图

2）标注钢筋的间距：

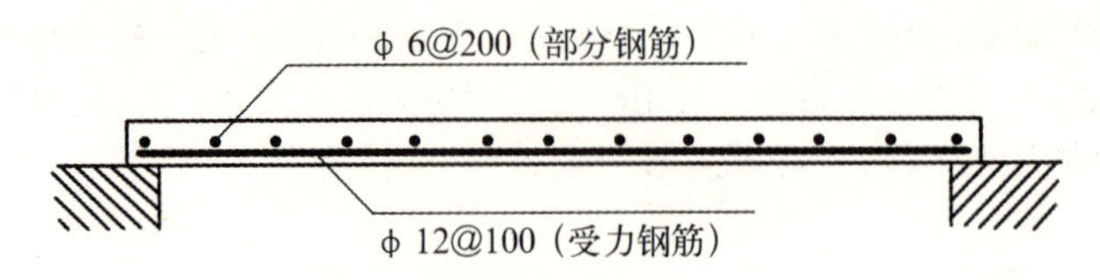

钢筋混凝土板配筋图

上图中梁的箍筋标注为光圆 8mm 直径的钢筋，间距 250mm（ϕ 8@250）；板的钢筋标注为受力钢筋是光圆 12mm 直径的钢筋，间距 100mm（ϕ 12@100）；分布钢筋是光圆 6mm 直径的钢筋，间距 200mm（ϕ 6@200）

（2）弯起钢筋长度计算法

梁、板类构件常配置一定数量的弯起钢筋，其中弯起角度一般为 30°、45°和 60°三种，弯起钢筋平直长度根据图纸可直接得到，斜段长度（图中 s）需经过计算得到，常用计算方法为勾股弦法，即 $S^2=l^2+h^2$，$S=\sqrt{l^2+h^2}$。

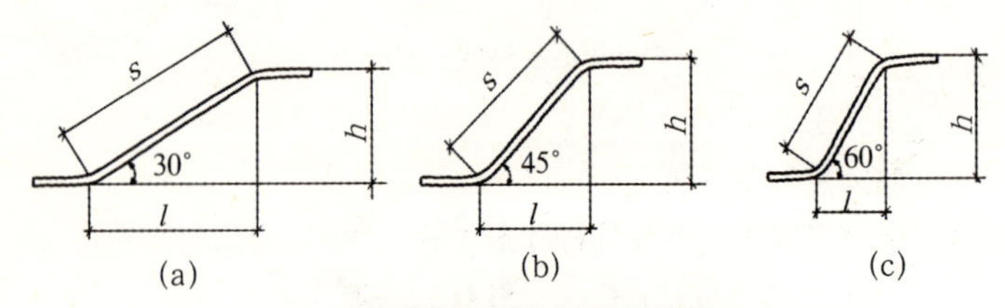

弯起钢筋斜段长度计算简图

（a）弯起 30°；（b）弯起 45°；（c）弯起 60°

弯起钢筋斜段长度值表

弯起角度	30°	45°	60°
s	$2h$	$1.41h$	$1.15h$
	$1.15l$	$1.41l$	$2l$

注：s — 弯起钢筋斜段长度；
h — 弯起钢筋弯起的垂直高度，这里指外包尺寸；
l — 弯起钢筋斜段水平投影长度。

（3）弯起钢筋长度放样法

放样法就是通过对钢筋样图进行逐段直接测量，得到钢筋长度的方法。

放样分为放大样，比例为1:1，放小样比例为1:5、1:10两种方式。

以弯起钢筋放大样为例。

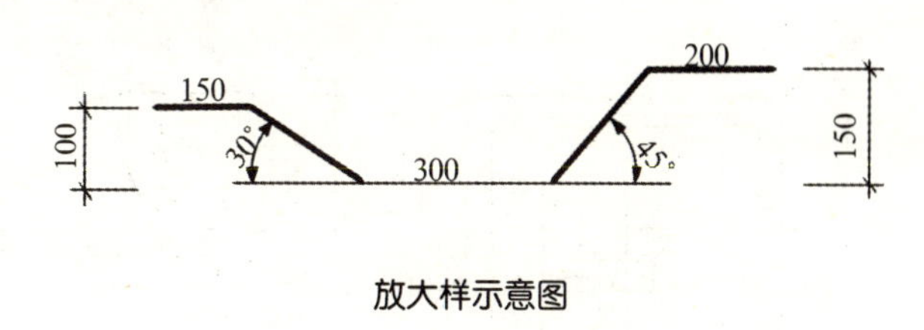

放大样示意图

1）画一条水平直线长度为300mm；用角尺量出30° 和45° 角画出斜线。

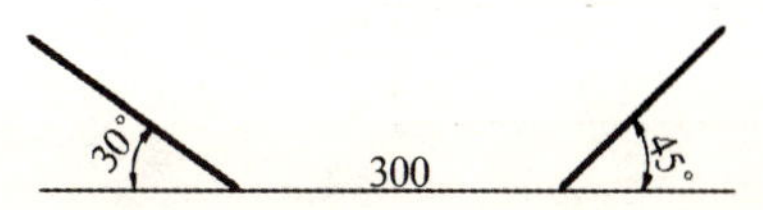

2）在斜线上分别量出高度100mm、150mm，画水平线的垂直竖线。

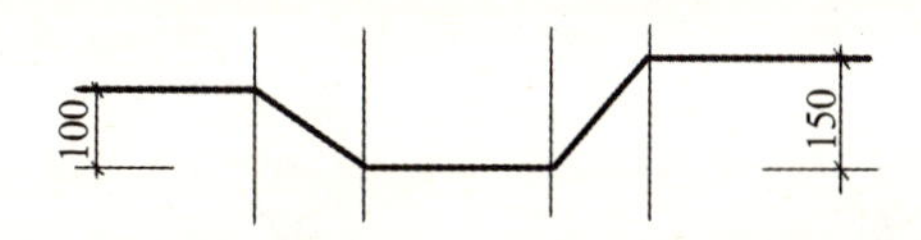

3）画竖线的水平线分别按150mm和200mm画出钢筋的水平长度。

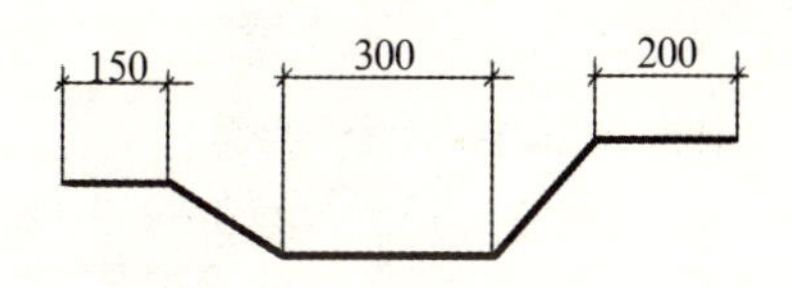

（4）斜向钢筋计算、放样法

斜向钢筋与弯起钢筋很相似，只是弯折角度具有任意性。常见的斜向钢筋有水池壁斜向钢筋、筒仓仓壁斜向钢筋，以及变截面悬臂梁配筋。

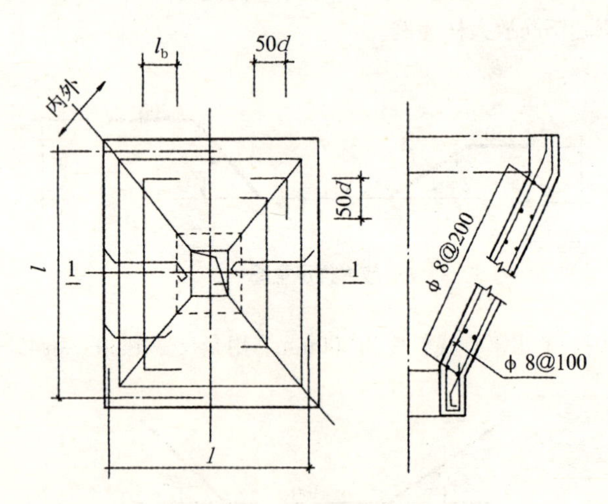

矩形斗仓壁配筋示意图

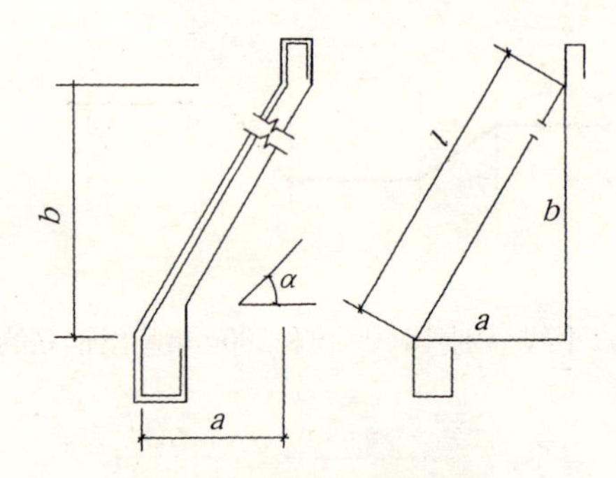

矩形斗仓壁斜向钢筋示意图

图中α角因设计不同，取值各不相通，a、b长度可由设计标注尺寸扣除混凝土保护层后得到，所以可采用勾股弦方法计算斜段长度l的值。

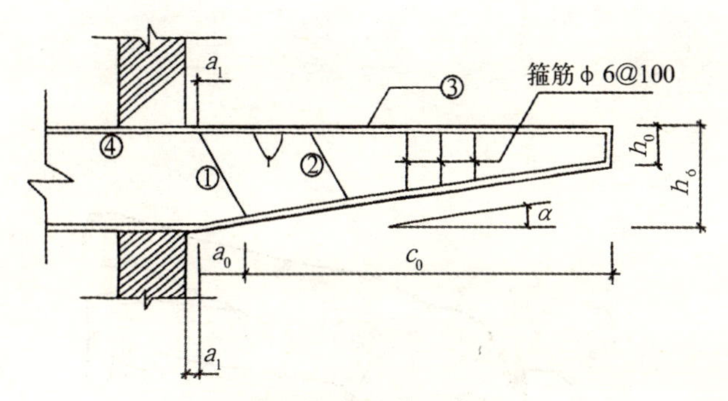

变截面悬臂梁配筋示意图

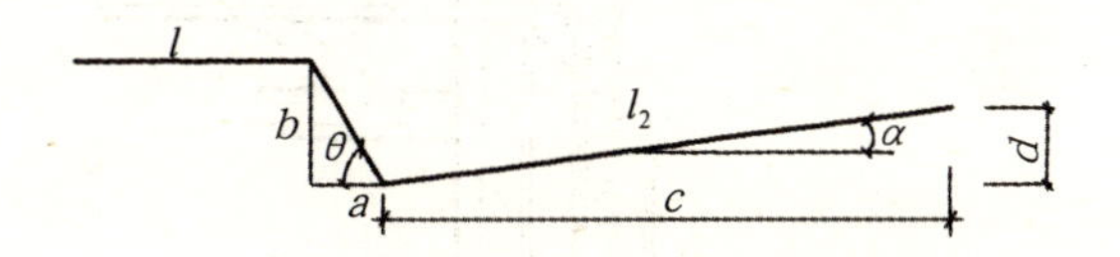

悬臂梁斜向钢筋(1)号筋详图

6.钢筋的加工与连接

(1) 钢筋除锈的人工方法

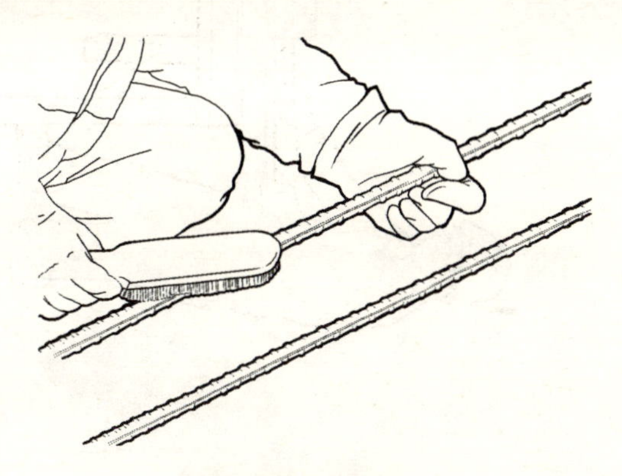

钢丝刷除锈示意图

常用的钢筋除锈方法有人工除锈和机械除锈。钢筋锈蚀不是很严重的情况下，一般采用人工除锈，用钢丝刷除锈或用人工将钢筋放在沙盘上来回拉动除锈。

砂盘除锈示意图

（2）钢筋的机械除锈方法

钢筋锈蚀较严重的情况下，一般采用机械除锈。直径较细的盘条，通过冷拉调直过程自动去锈；粗钢筋采用圆盘钢丝除锈机除锈。两人共同操作，各站在机器一面，一人从机器一端向前送钢筋，另一人在对面接钢筋，到头后再向回送；也可一人操作，除完一端再除另一端。

机械除锈机示意图

(3) 钢筋的手工调直

手工调直一般多用于较细的盘条钢筋，将钢筋一端固定在地锚端夹具上，另一端固定在绞盘夹具上，人力推动绞盘将钢筋拉直。

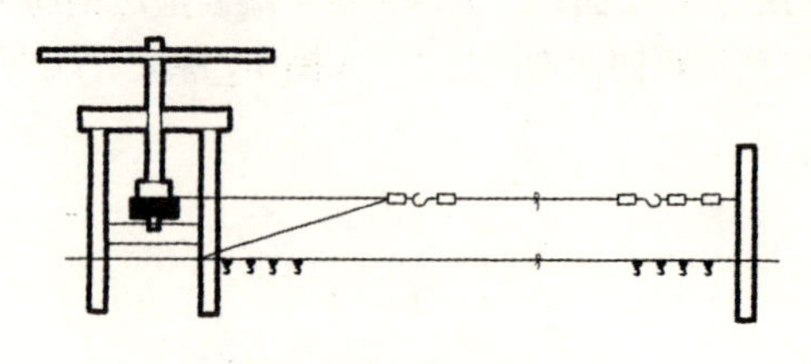

绞盘拉直装置示意图

(4) 钢筋的机械调直

钢筋的机械调直分为钢筋调直机调直和拉直机（大拉）调直。

1) 钢筋调直机调直：适用于处理冷拔低碳钢丝和直径 14mm 及以下的细钢筋，调直机还有切断功能，一般也叫钢筋调直切断机；将钢筋从调直机一端送入，机器自动将钢筋调直，并按设定的长度自动切断钢筋。

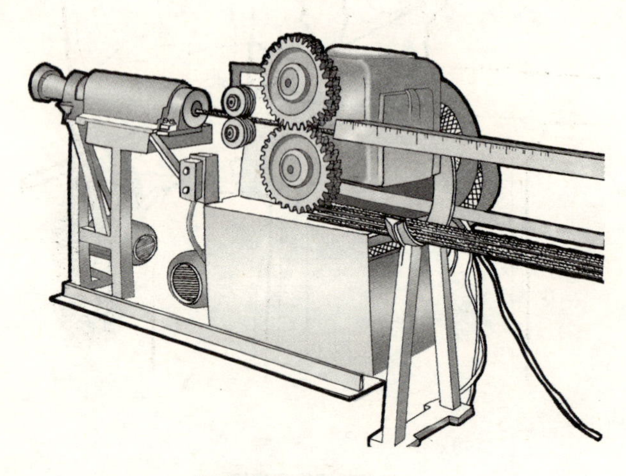

钢筋调直机示意图

2）拉直机（大拉）调直，利用卷扬机结合冷拉工序调直，拉直机适用于处理各种直径的钢筋，将钢筋的一端（若是盘条钢筋，先用钢筋钳子将钢筋按一定长度剪断）固定在地锚端夹具上，另一端固定在卷扬机端夹具上，开动卷扬机将钢筋拉直，拉直长度不应超过技术人员规定值。

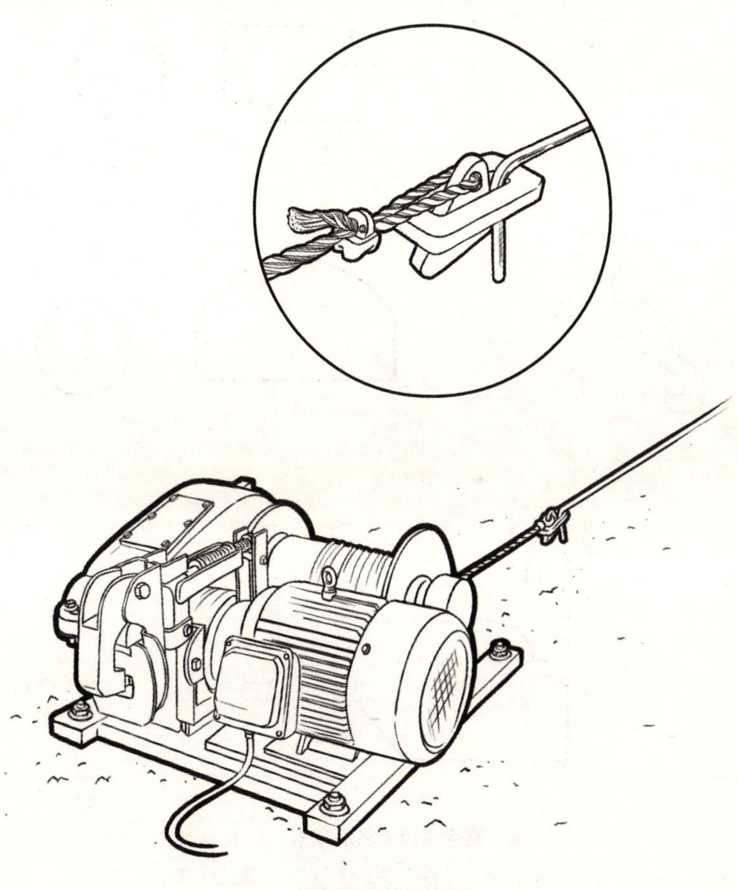

卷扬机冷拉示意图

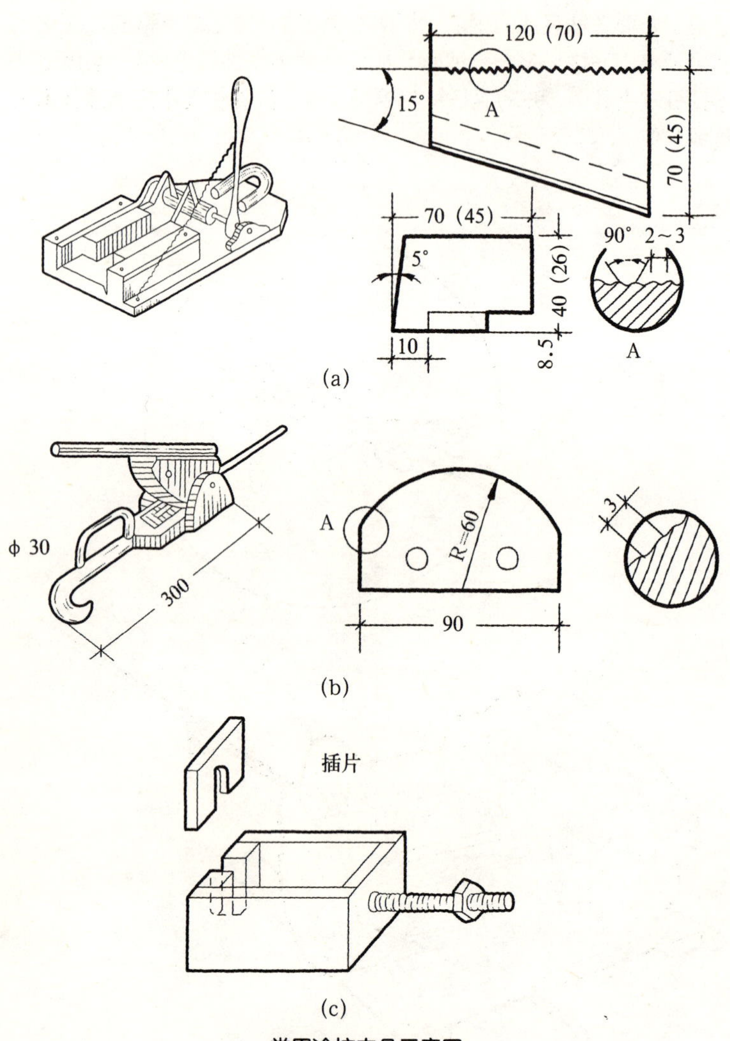

常用冷拉夹具示意图

(a) 楔块式夹具（括号内数字为一种夹具加工尺寸）；
(b) 偏心夹具；(c) 槽式夹具

（5）钢筋的手工切断

钢筋人工切断分为断线钳切断和克子切断器切断。

1）量取要求长度的钢筋，在截断部位用断线钳切断钢筋，断线钳适用于12mm及其以下的钢筋。

断线钳切断示意图

2）量取要求长度的钢筋，在截断部位一人手持克子，一人用铁锤击打克子将其截断，克子切断器适用于12mm及其以下的钢筋。

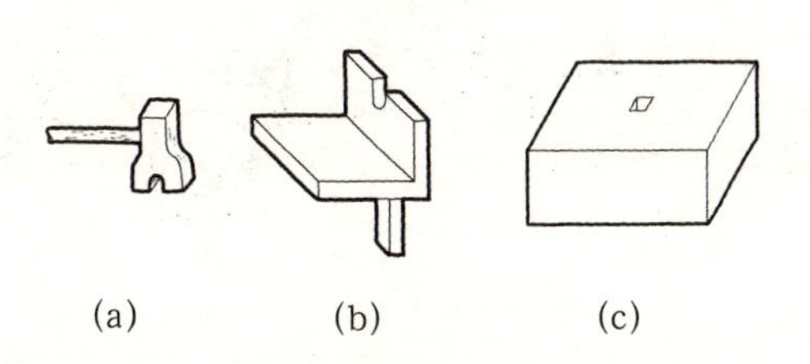

克子切断器示意图

（a）上克；（b）下克；（c）铁砧

（6）钢筋的机械切断

钢筋的机械切断常用的设备是钢筋切断机，将需切断的钢筋长度在距机器刀口一面将需切断的钢筋长度标示在一旁，而后将需切断的钢筋放入切断机刀口内，将钢筋按需要的长度切断。

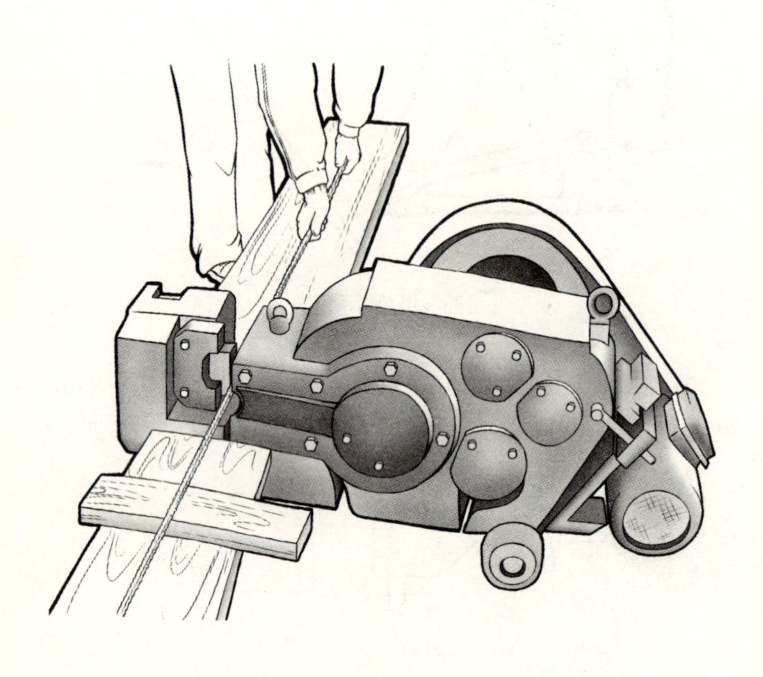

钢筋切断机示意图

(7) 钢筋手工弯曲成型工具

1) 工作台：钢筋弯曲工作台的宽度一般通常为800mm，长度视钢筋种类而定，台高一般为900～1000mm。

(a)

2) 手摇扳：由钢筋底盘、扳柱、扳手组成，用来弯12mm以下钢筋，将底盘固定在工作台上，底盘表面应与工作台平直。

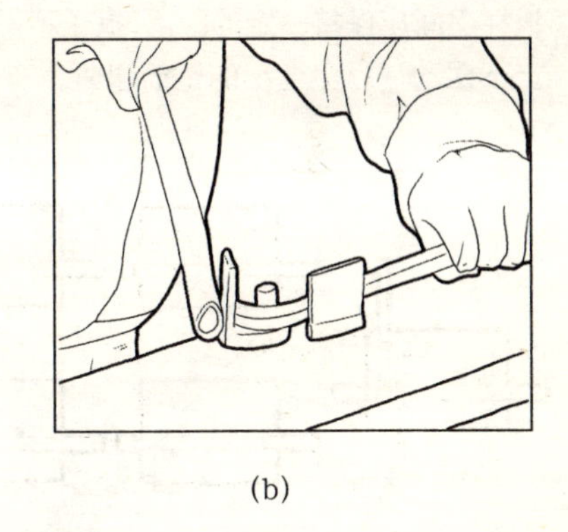

(b)

手摇板示意图

(a) 弯单根；(b) 弯多根

3）卡盘与钢筋扳子：用来弯制粗钢筋，由钢底盘和扳柱组成。扳柱焊接在底盘上，底盘固定在工作台上。钢筋扳子和卡盘配合使用，分顺口扳子和横口扳子。横口扳子又有平头和弯头之分，弯头横口扳子在绑扎钢筋时用于纠正钢筋位置。

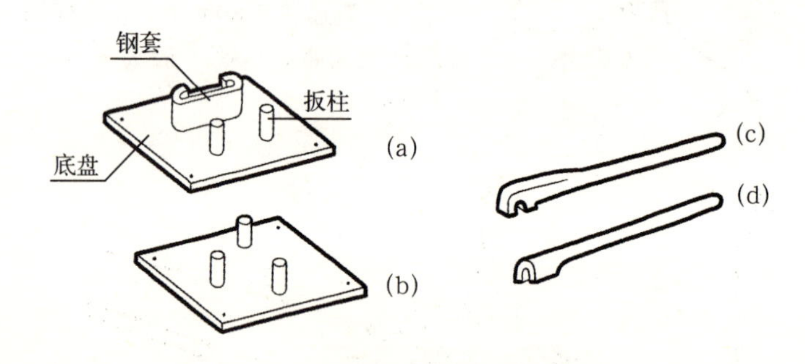

卡盘和钢筋板子示意图

（8）钢筋手工弯曲成型步骤

为确保钢筋弯曲形状正确，弯弧准确，弯制钢筋操作时，扳子与扳柱之间应保持一定的距离，扳子不得碰扳柱，扳子一定要托平，不能上下摆动，以免弯出的钢筋翘曲。

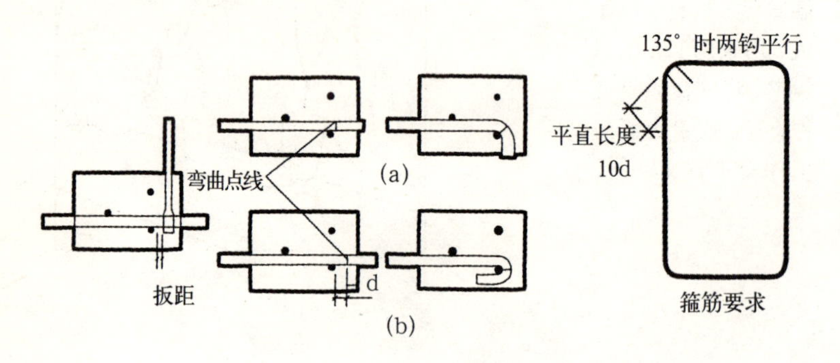

扳距、弯曲点线和扳柱的关系示意图

1)箍筋弯曲成型分为 5 步：

①在钢筋 1/2 长处弯折 90°；

②短边弯折 90°；

③长边弯 135° 弯钩；

④短边弯 90° 弯折；

⑤短边弯 135° 弯钩。

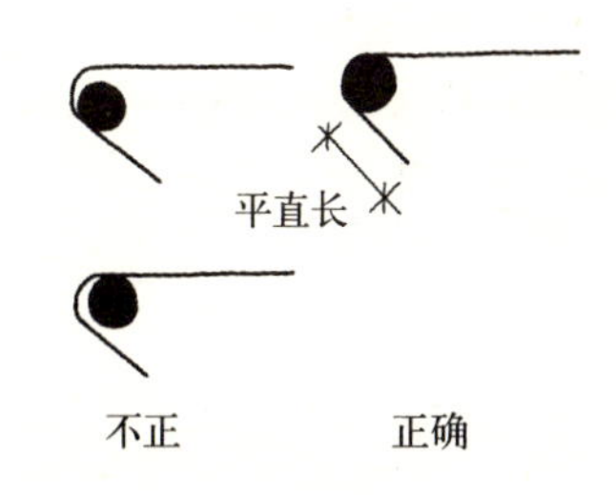

箍筋弯钩示意图

注意：因为第3步和第5步的弯钩角度大，所以要比第2步和第4步操做时靠标志略松一些，预留一些长度，以免箍筋不方正。

在操作前，首先要在手摇扳手的左侧工作台上标出钢筋1/2长、箍筋长边内侧和短边内侧（也可以标出长边外侧和短边外侧）三个标志。

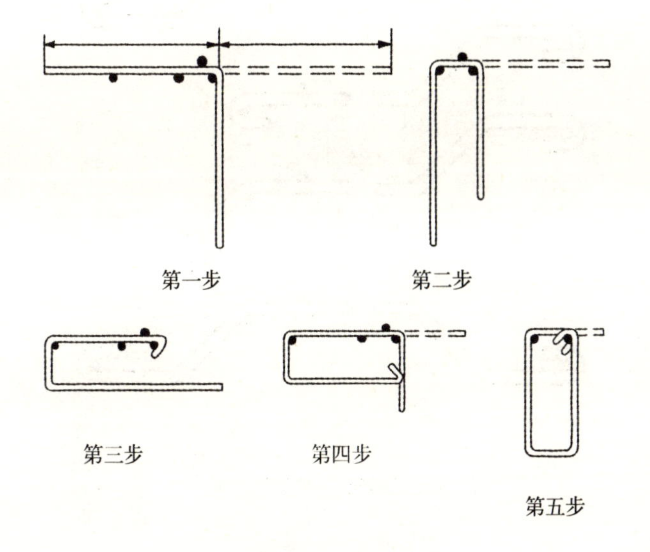

箍筋弯曲成型步骤示意图

2）弯起筋的弯曲成型

①一般弯起钢筋的长度较大，所以应在工作台两端设置卡盘，分别在工作台两端同时完成成型工序。

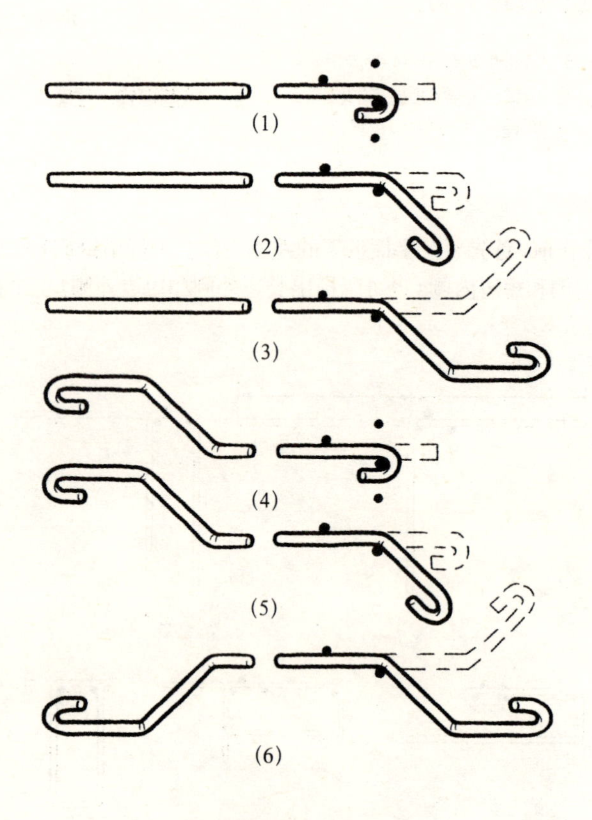

弯起钢筋成型步骤示意图

②当钢筋弯曲形状较复杂时，可在工作台上预先放出实样，再用扒钉钉在工作台上，用来控制各个转角。

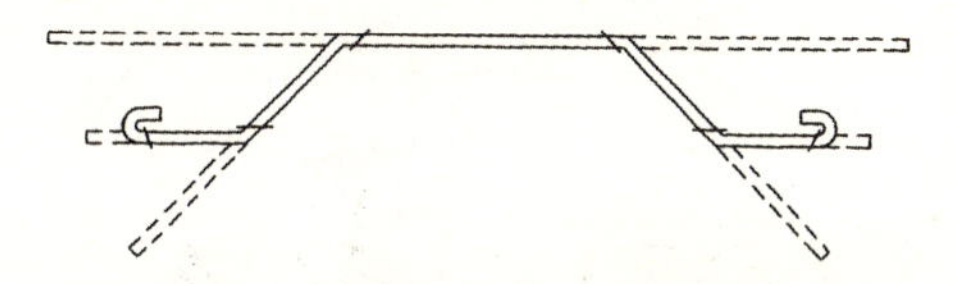

钢筋扒钉成型示意图

注意：各种不同钢筋弯折时，常将端部弯钩作为最后一个弯折步骤，这样可以将配料过程中的误差留在弯钩内，不会影响钢筋的整体质量。

（9）钢筋的机械弯曲成型

1）使用钢筋弯曲机弯制钢筋时，首先应根据钢筋直径更换传动轮（为了确定工作盘速度，弯曲直径较大的钢筋时，必须使转速放慢，以免损坏设备）；

2）选择心轴直径并安装（根据钢筋粗细和所要求的圆弧弯曲直径大小随时更换套轴）；

3）在工作台上或钢筋上标出弯折点位置；

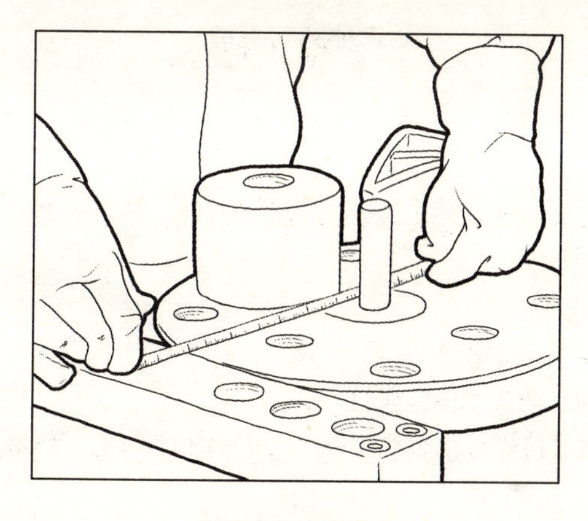

标出弯折点示意图

4）开机，按标出的弯折点位置将钢筋放入钢筋弯曲机弯制钢筋；

弯制钢筋示意图

5）弯曲较长的钢筋时，应由专人协助扶持，协助人员应听从指挥，不能任意推送。

（10）钢筋电渣压力焊

1）将钢筋端头用砂轮机打平；

2）将钢筋待焊接部位约150mm范围内的铁锈、杂物以及油污清除干净；

3）安装上下焊接夹具（注意上下钳口要分别夹紧在上下钢筋上，钢筋要垂直）；

4）在上下钢筋之间放入引弧用的低碳钢丝圈或焊条；

5）关闭焊剂筒，填装焊剂；

6）引弧、电弧、电渣、压顶；

7）接头焊接完毕适当停歇，打开焊剂筒回收剩余焊剂，卸下焊接夹具并敲去渣壳；

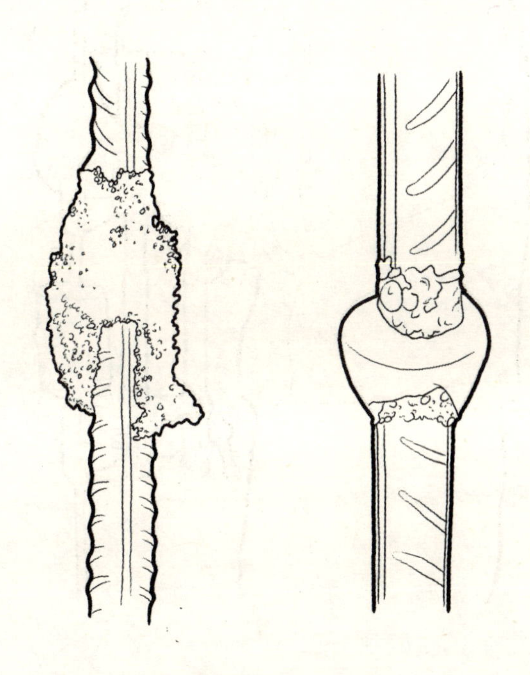

焊接表面焊包示意图

8）焊接要求焊包四周均匀，凸出钢筋表面的高度应不小于4mm，接头的弯折角度不大于4°。

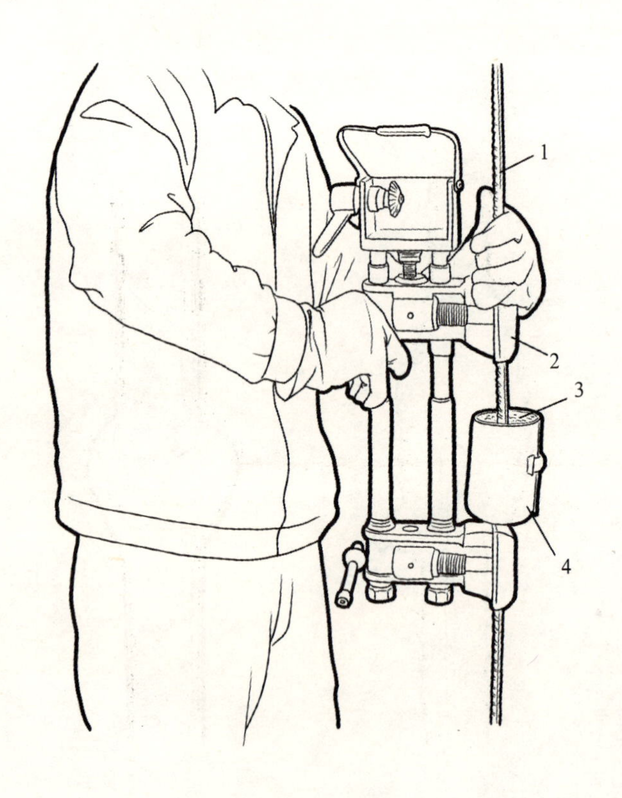

焊接工作示意图

1—钢筋；2—钢丝圈；3—焊剂；4—焊剂筒

（11）钢筋的套筒挤压连接

1）用砂轮切割机断料；

2）检查挤压设备（挤压机、油泵、输油软管等整套）及油压表精度；

3）检查压模、套筒是否与钢筋相互配套（压模上有相对应的连接钢筋规格标记）；

4）在钢筋上标出插入套筒长度；

5）将钢筋的一端插入套筒中（钢筋端头离套筒长度中点不超过10mm）；

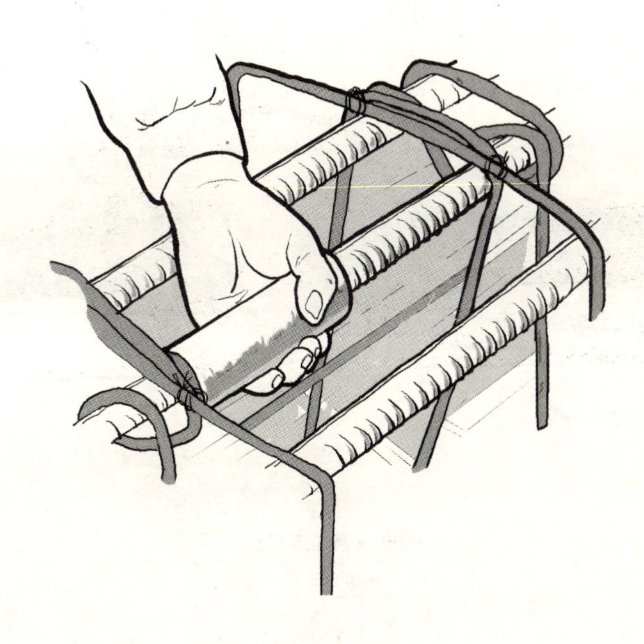

钢筋一端插入套筒示意图

6）放入挤压设备压接钳，按技术员交底要求加挤压力压接半个接头，使压膜宽度、压痕直径或挤压后套筒长度的波动范围，以及挤压道数均应符合接头技术提供单位所确定的技术参数要求；

注意：当焊接时电源电压下降5%及以上时应停止焊接。

7）将冷挤压成型的钢筋一端带到施工现场后，再挤压接另半个接头。

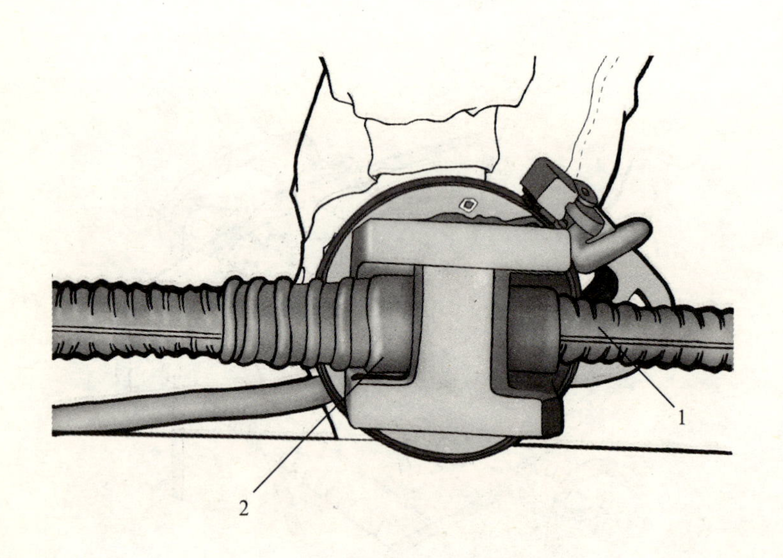

套筒冷挤压连接示意图

1—变形钢筋；2—套筒

（12）钢筋的直螺纹连接

1）用砂轮切割机断料；

2）检查套筒是否与钢筋相互配套(套筒上有相对应的连接钢筋规格标记)；

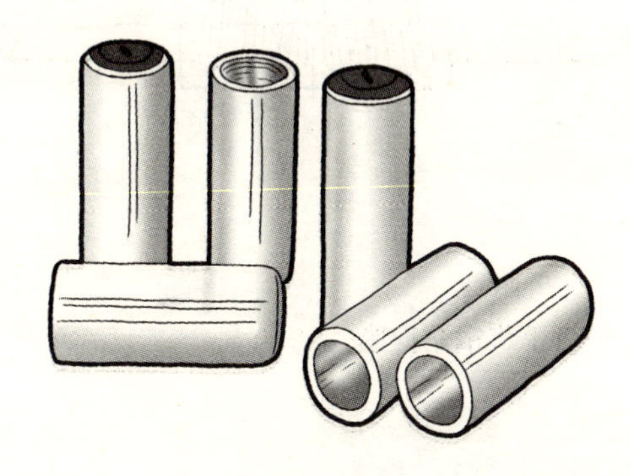

套筒示意图

3）钢筋套丝；

4）将钢筋拧入套筒内；

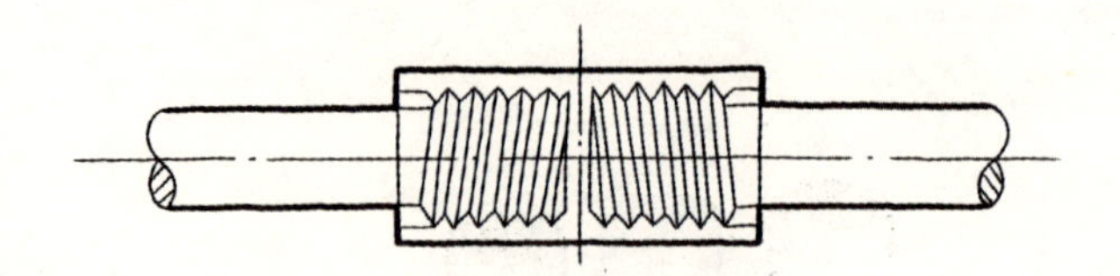

5）用力矩扳手将钢筋拧紧。

五、钢筋的绑扎与安装

1.绑扎操作方法一

一面顺扣绑扎操作法

（1）将20～22号低碳钢丝按照需绑扎钢筋的粗细轧制成110～400mm长的钢丝段；

（2）绑扎时先将低碳钢丝对头弯折，将低碳钢丝扣穿套钢筋交叉点；

（3）用钢筋钩钩住低碳钢丝弯成圆圈的一端，旋转钢筋钩，一般旋转一圈半到两圈半即可；

（4）将绑扎好的低碳钢丝扣剩余钢丝头按倒。

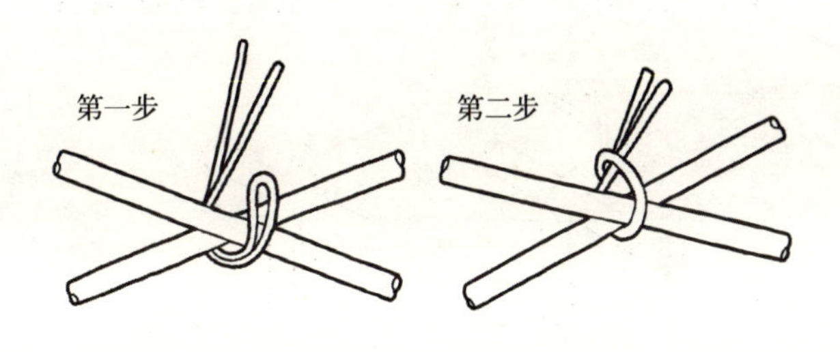

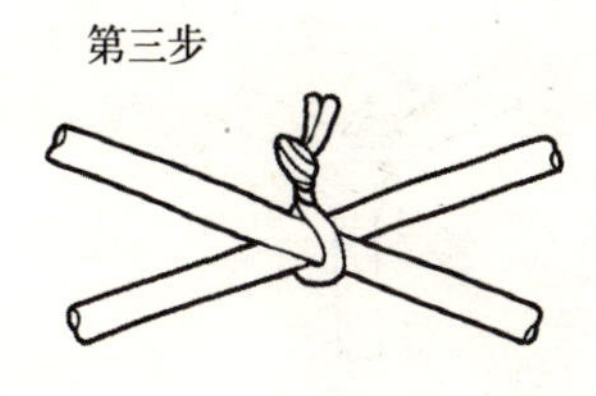

钢筋一面顺扣绑扎示意图

2.绑扎操作方法二

(1) 十字花扣：适用于平板钢筋网和箍筋处绑扎；

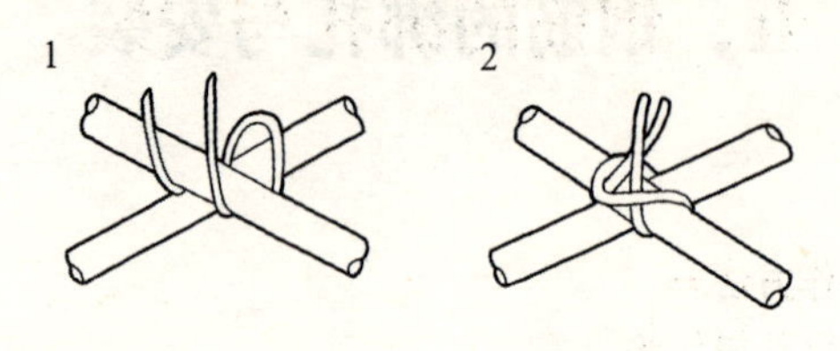

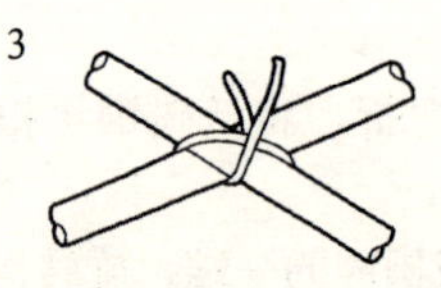

十字花扣示意图

(2) 反十字花扣：适用于梁骨架的箍筋与主筋的绑扎；

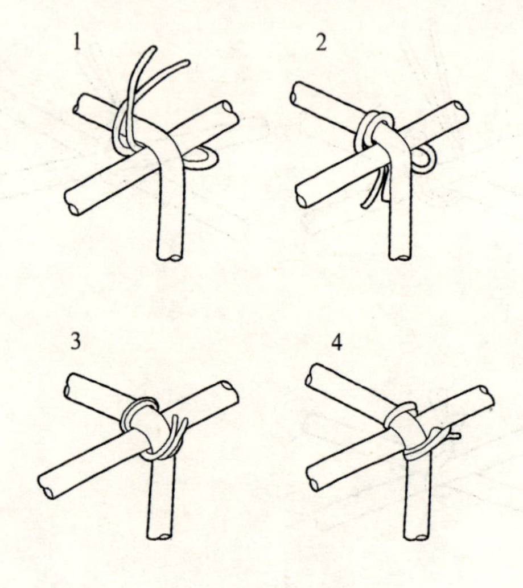

反十字花扣示意图

（3）兜扣：适用于平板钢筋网和箍筋处绑扎；

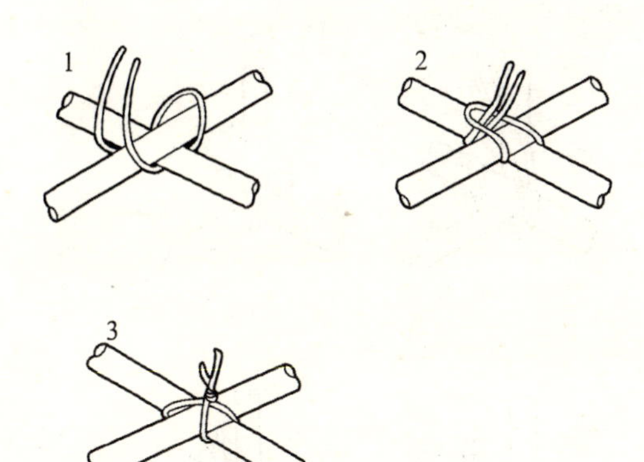

兜扣示意图

（4）缠扣：主要用于墙钢筋和柱箍的绑扎；

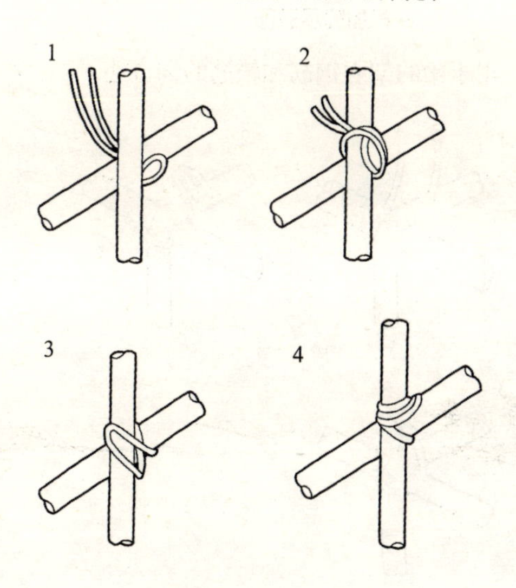

缠扣示意图

（5）兜扣加缠：适用于梁骨架的箍筋与主筋的绑扎；

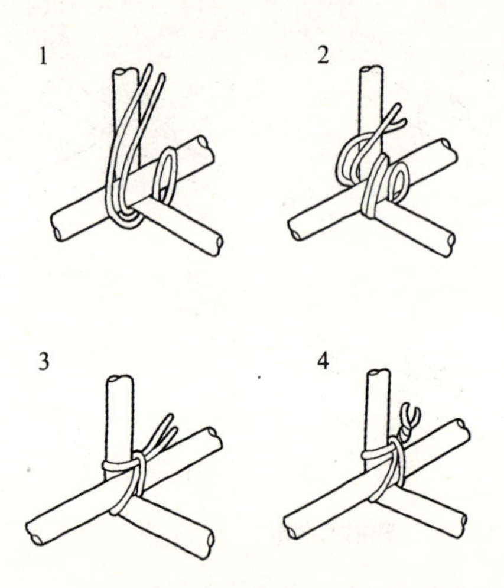

兜扣加缠示意图

（6）套扣：用于梁的架立钢筋和箍筋的绑口处。

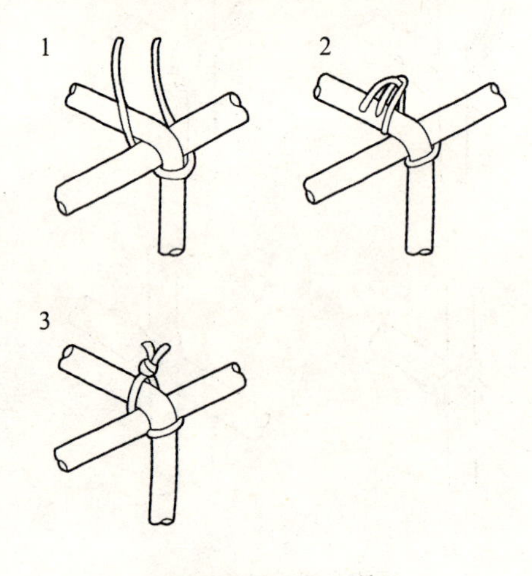

套扣示意图

3. 钢筋的绑扎要点

顶板类钢筋的绑扎

（1）绑扎板肋钢筋时，先在顶板模板上按设计要求画出受力筋间距，再画出分布筋间距；

（2）按画出的间距线摆放受力钢筋；

（3）按画出的间距线摆放分布钢筋；

（4）绑扎钢筋。

顶板钢筋绑扎示意图

4. 梁类钢筋的绑扎

（1）根据梁的长度摆放绑扎架；

（2）在钢筋绑扎架上摆放梁主筋；

（3）在梁主筋上画出箍筋间距位置线；

（4）套入梁箍筋；

（5）按设计要求的钢筋间距绑扎钢筋。

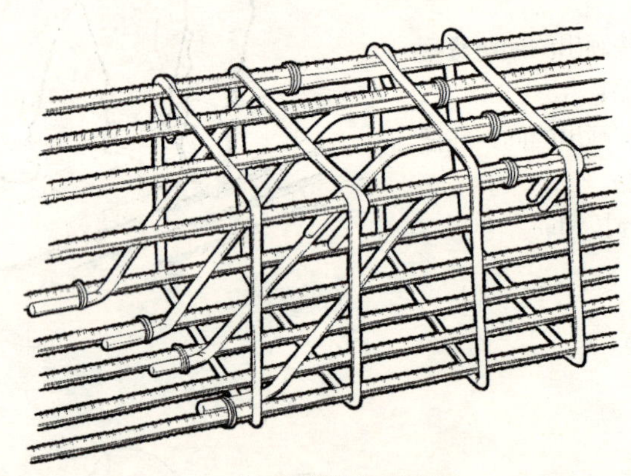

大梁钢筋绑扎示意图

5. 钢筋的绑扎质量要求

（1）受力钢筋接头在连接区段（35d且不小于500mm，d为钢筋直径）内，有接头的受力钢筋截面面积占受力钢筋总截面面积的百分率应符合规范规定（对梁类、板肋及墙类构件，不宜大于25%；对柱类构件不宜大于50%）。

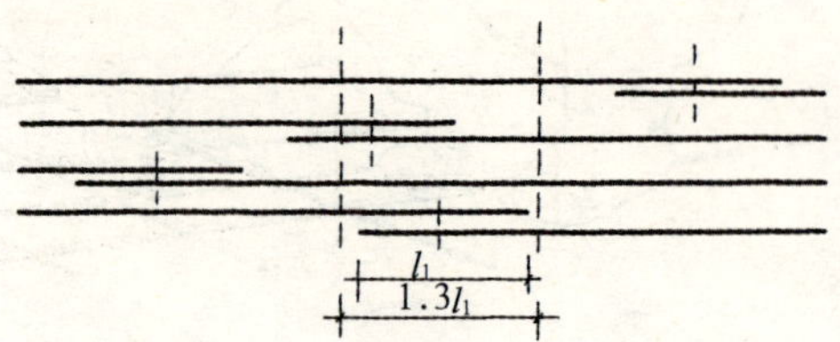

绑扎搭接接头连接区段及接头面积百分率示意图

（2）箍筋的转角与其他钢筋的交叉点均应绑扎，但箍筋的平直部分与钢筋的交叉点可呈梅花式交错绑扎。箍筋的弯钩叠合处应错开绑扎，交错绑扎在不同的钢筋上。

（3）绑扎钢筋网片可采用一面顺扣绑扎法，在相邻两个绑扎点应呈八字形，不要相互平行，以防骨架歪斜变形。

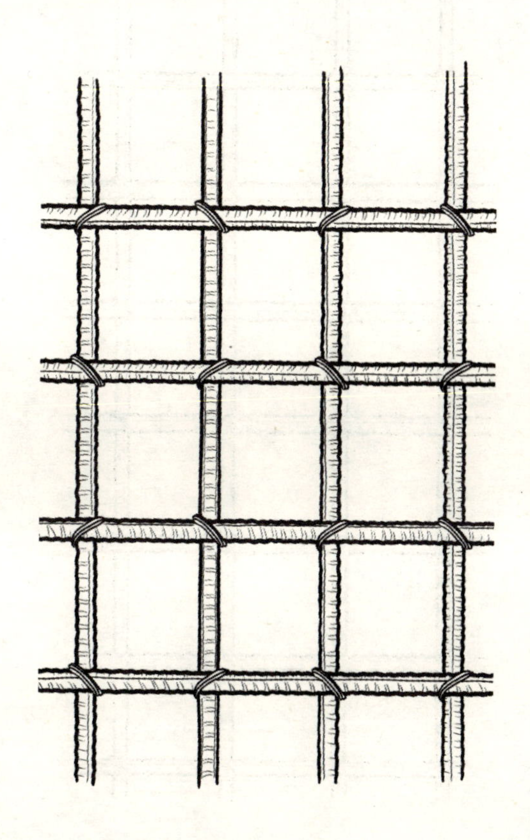

网片钢筋绑扎示意图

(4) 单向板（长宽比大于2的板，即长方形的板）除四周两行钢筋交叉点全部绑扎外，其余交叉点可隔一点绑一点，呈梅花状绑扎。

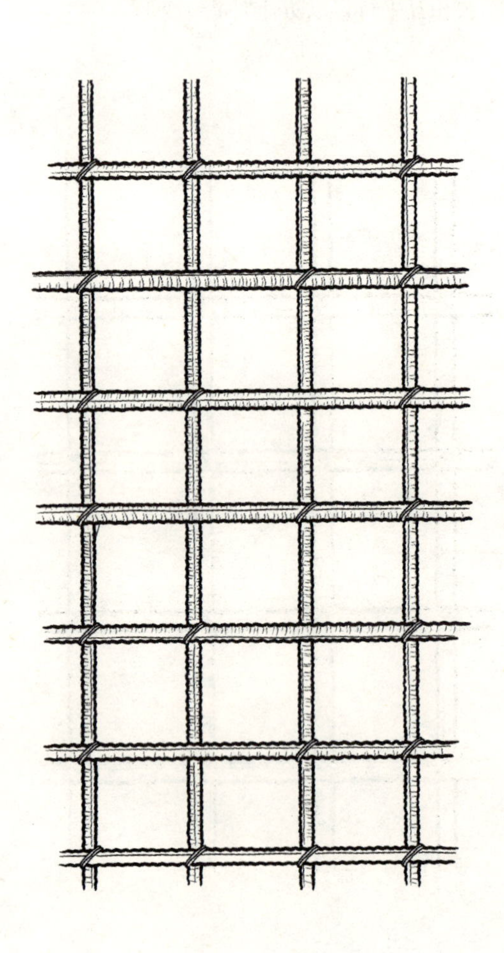

单向板绑扎示意图

（5）双向板（长宽比小于 2 的板，即接近方形的板）所有钢筋交叉点均应绑扎，相邻绑扎点的低碳钢丝扣要成八字形，以免网片歪斜变形。

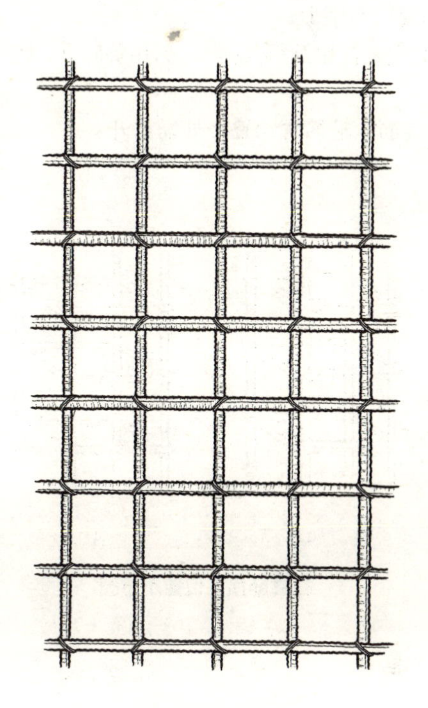

双向板绑扎示意图

（6）预制钢筋骨架绑扎时，要注意保持外形尺寸正确，避免入模安装困难。

6. 独立柱基础钢筋的绑扎

（1）清理基础；

（2）画线：根据设计图纸要求间距，在混凝土垫层上弹出钢筋间距线；

（3）摆筋：基础钢筋按画线间距就位。短向筋与长向筋的布置按设计图纸要求摆放，弯钩朝上；

（4）基础钢筋网片绑扎：所有钢筋交叉点均应绑扎，相邻绑扎点的低碳钢丝扣要成八字形；

（5）绑扎柱筋：柱钢筋绑扎接头，绑扣要向里，柱主筋应使弯钩朝向柱心；

（6）绑扎箍筋：箍筋弯钩叠合处需错开；

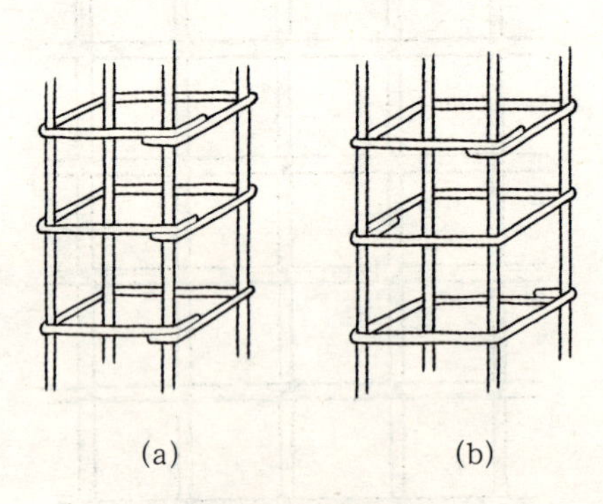

柱箍筋接头位置示意图

（a）错误；（b）正确

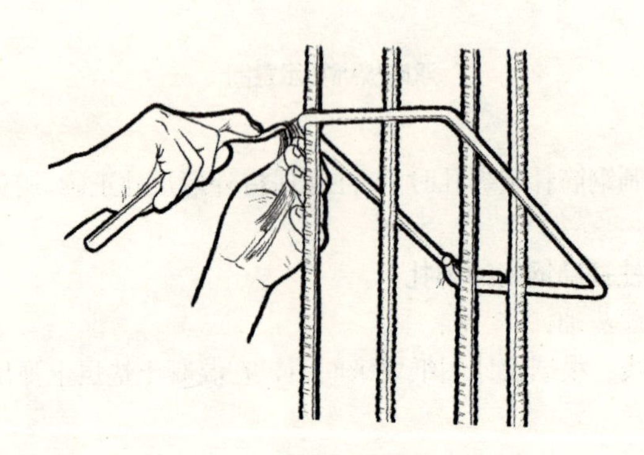

（7）安放垫块：在基础钢筋网片下安放钢筋垫块，间距按施工交底执行。

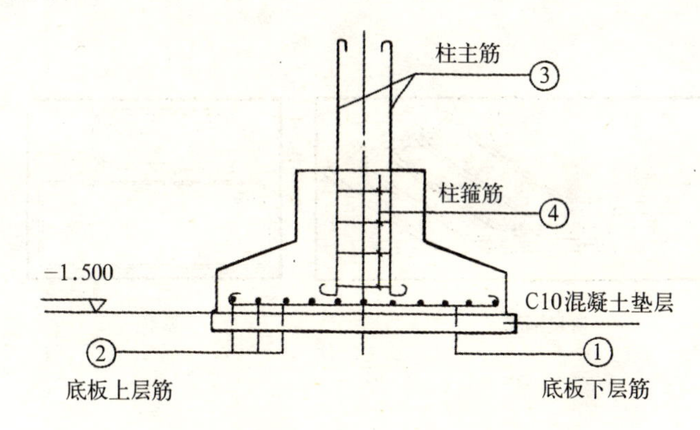

现浇独立柱基础钢筋绑扎示意图

7.条形基础的钢筋绑扎

（1）清理基础；

（2）绑扎底板基础网片；

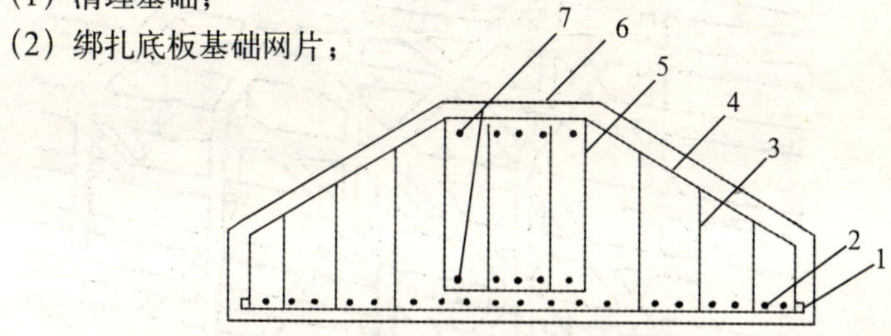

1—底板下层筋；2—底板上层筋；3—基础架立筋；
4—基础上筋；5—基础梁箍筋；6—基础混凝土；7—基础梁主筋

（3）借助绑扎支架支起上、下纵筋和弯起钢筋；

（4）套入箍筋；

（5）放下部纵筋；

（6）箍筋按画线间距就位；

（7）将上、下纵筋及弯起钢筋排列均匀绑扎；

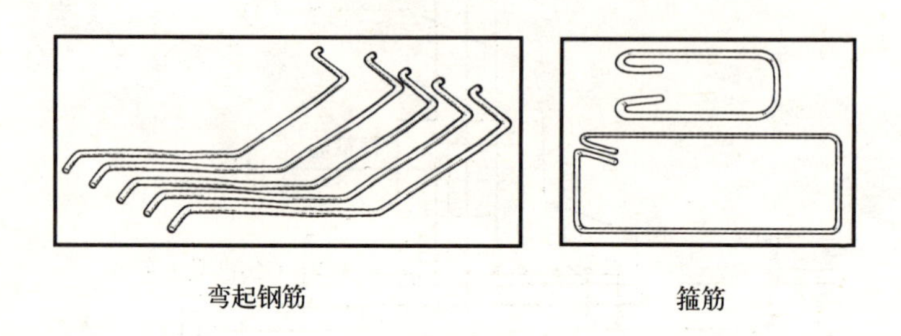

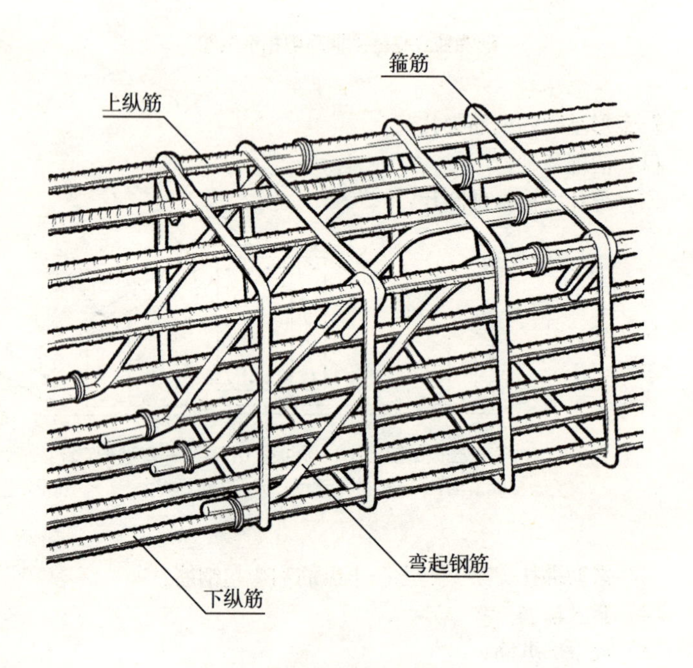

条形基础钢筋示意图

（8）绑扎成型后抽出绑扎架，将骨架放在底板钢筋上就位绑扎固定；

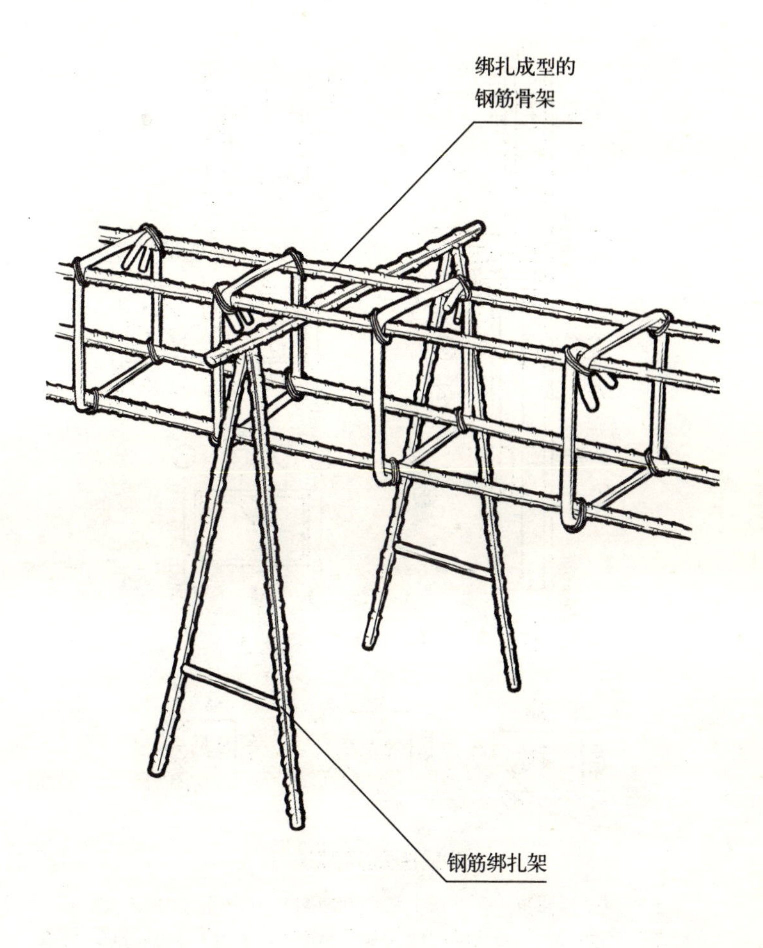

（9）安放垫块。

8.牛腿柱钢筋骨架的绑扎

(1) 绑扎下柱筋（绑扣要折向柱内,柱子主筋若有弯钩,弯钩应朝向柱心）;

(2) 绑扎牛腿钢筋（牛腿钢筋应放在柱的纵向钢筋内）;

(3) 绑扎上柱钢筋。

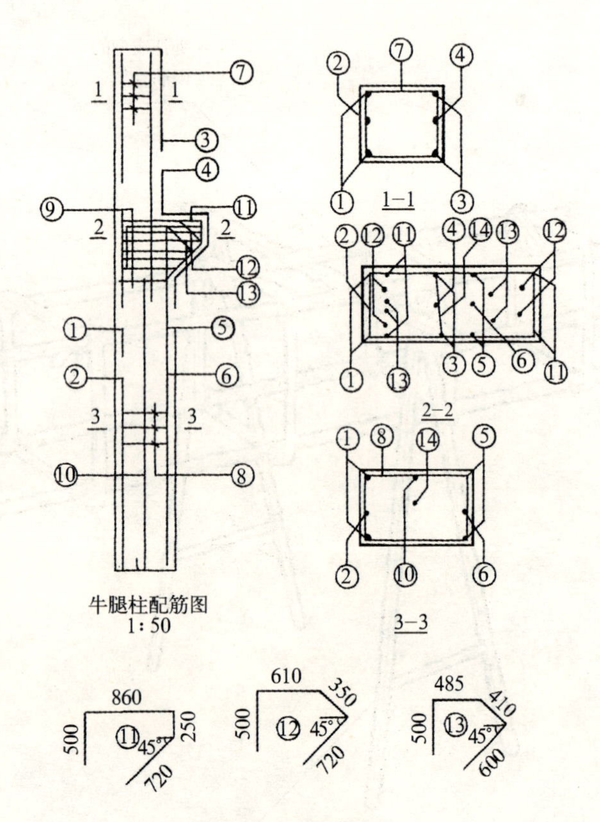

牛腿柱配筋示意图

1、2—柱外侧钢筋；3、4—上柱内侧钢筋；5、6—下柱内侧钢筋；7—上柱箍筋；8—下柱箍筋；9—牛腿部分箍筋；10—下柱的两根腰筋；11—放在牛腿两边最外侧；12、13位置见图；14—固定钢筋

9.现浇框架梁、板的钢筋绑扎

(1）清理模板：将模板内的杂物清理干净；

清理模板示意图

（2）在模板上拉线、弹线：在模板上画好主筋、分布筋间距；

模板拉线、弹线示意图

（3）绑扎梁钢筋：借助绑扎支架绑扎柱、次梁筋，梁的钢筋应放在柱的纵向钢筋内侧。当梁纵向受力钢筋采用双排布置时，两排钢筋之间宜垫以直径大于等于 25mm 的短钢筋，保持其间距；

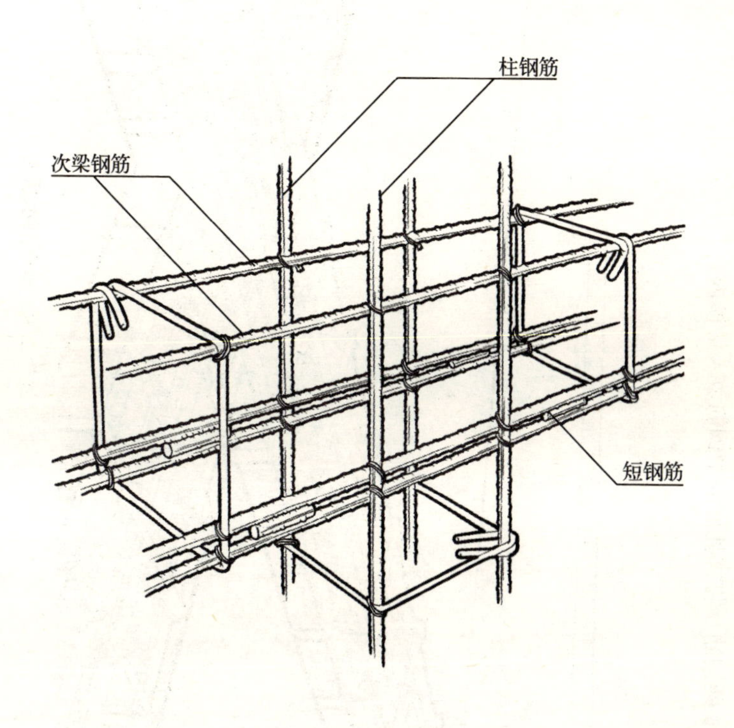

梁钢筋绑扎示意图

（4）安放梁钢筋：将绑扎好的梁钢筋放入梁模内；

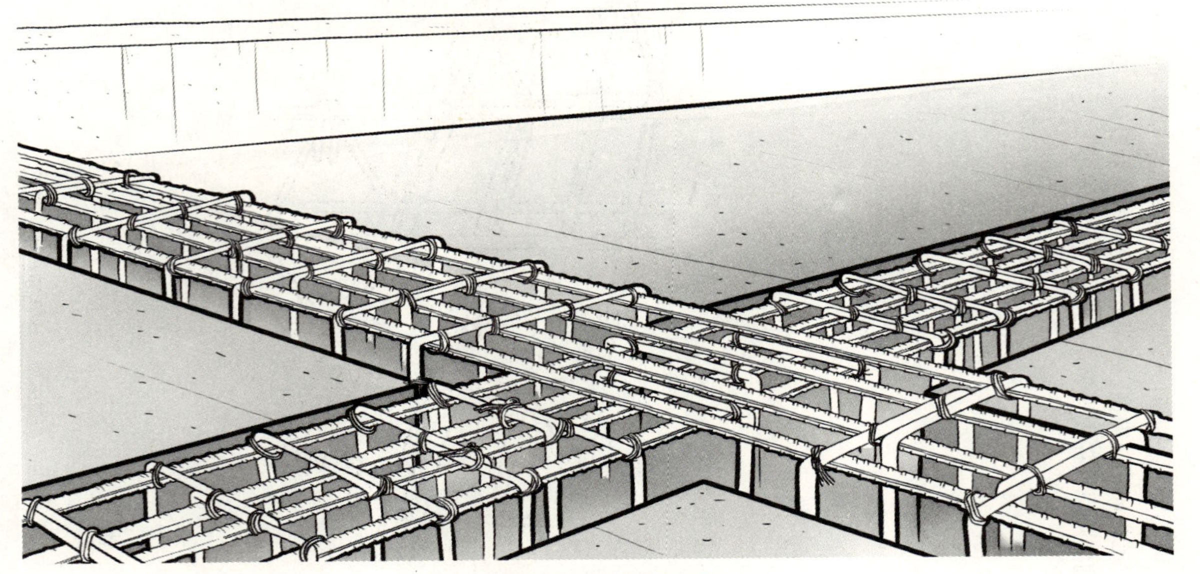

顶板上梁、板钢筋示意图

（5）绑扎顶板下层钢筋：按画好的间距，先摆放受力主筋，再放分布钢筋；

（6）绑扎顶板上层钢筋（负弯矩筋）及洞口加筋：摆放负弯矩钢筋要一端拉线摆放整齐，每个扣都要绑扎，弯钩应朝下。如果板为双层筋，两层钢筋之间需加设钢筋马凳；

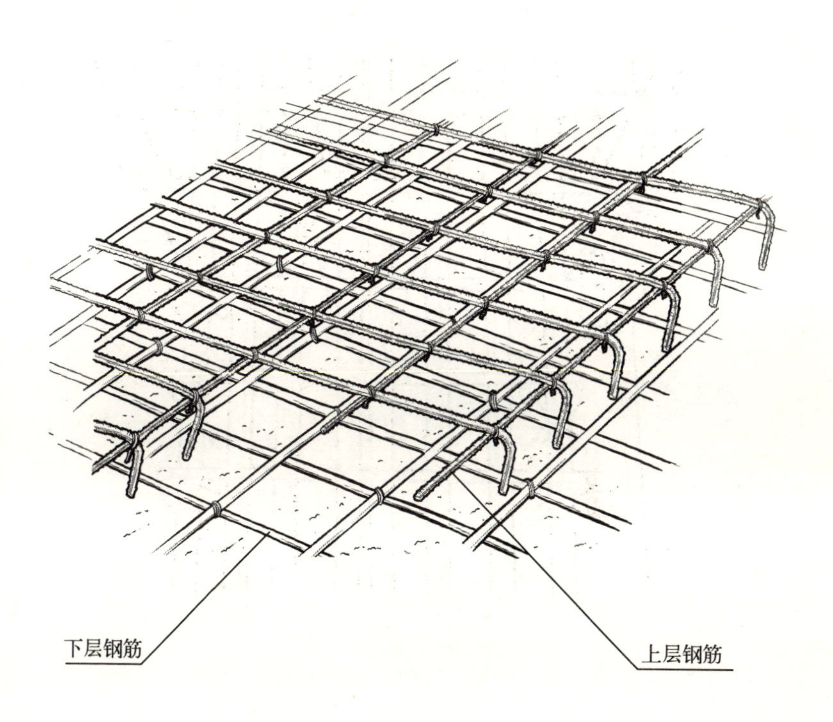

顶板钢筋绑扎示意图

（7）安放垫块：板筋下方应安放足够数量的垫块，梁钢筋两侧及梁底也要安放足够数量的垫块，其间距均应符合施工员交底要求。

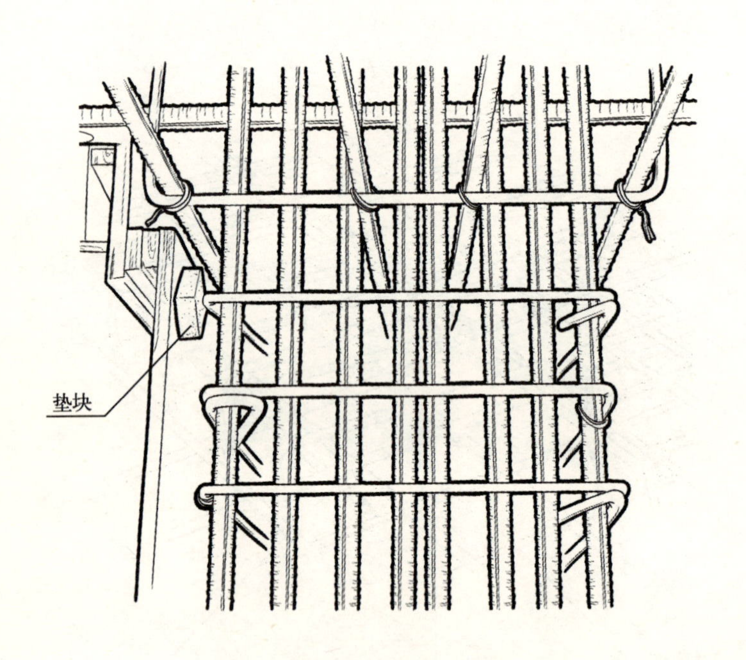

安放垫块示意图（a）

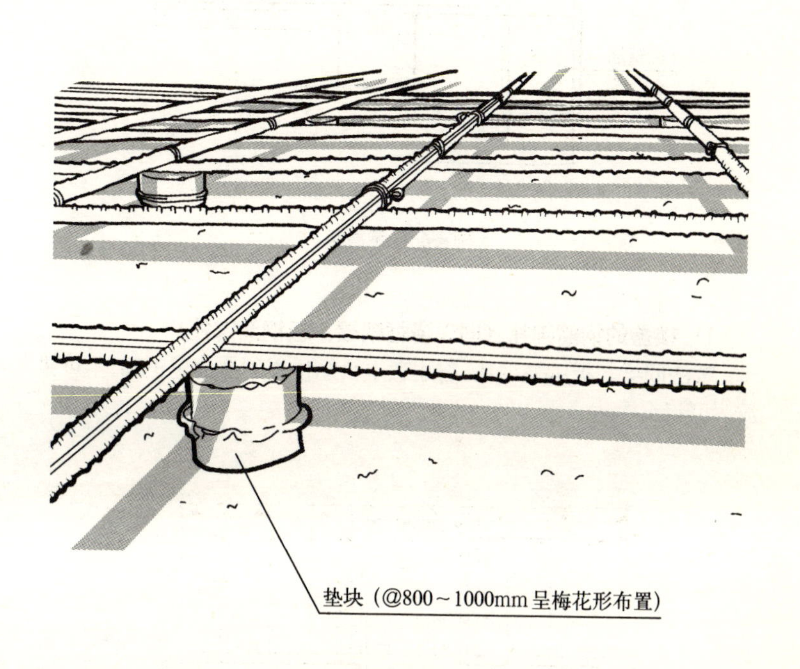

安放垫块示意图（b）

10.现浇悬挑雨篷钢筋绑扎

做法同梁、板钢筋绑扎，需注意主负筋位置的摆放应正确，不可错放，勿颠倒。

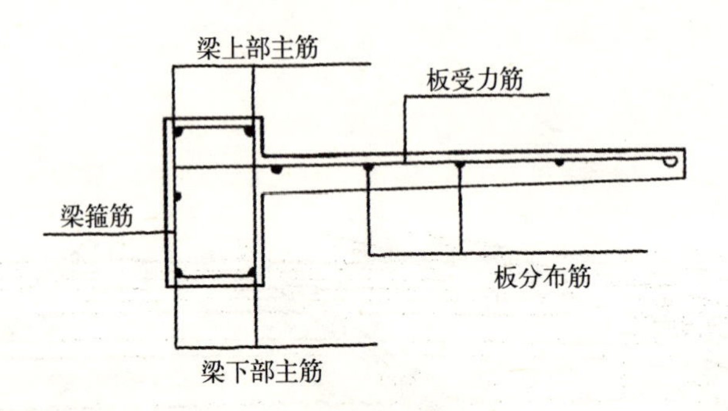

雨篷配筋示意图

11.楼盖的钢筋绑扎（同现浇框架梁、板钢筋绑扎）

做法同梁、板钢筋绑扎，需注意主负筋位置的摆放应正确，不可错放，勿颠倒。

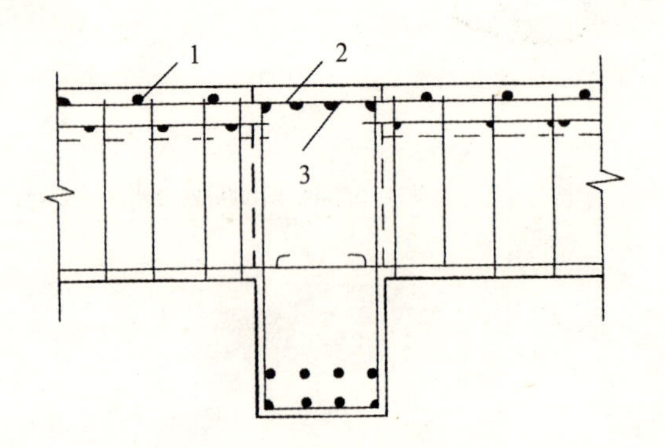

板、次梁与主梁交叉处钢筋示意图

1—板钢筋；2—次梁钢筋；3—主梁钢筋

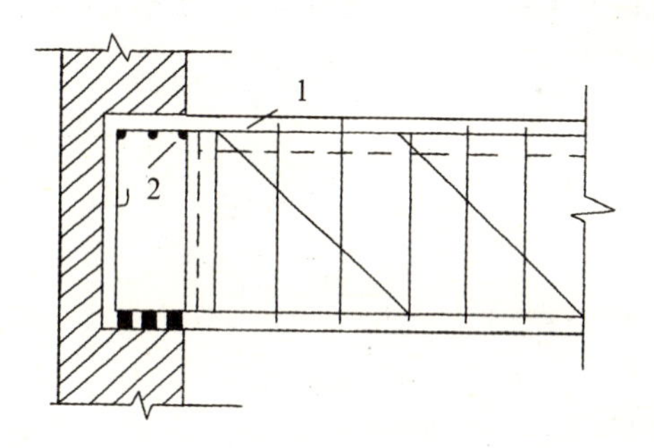

主梁与垫梁交叉处钢筋示意图

1—主梁钢筋；2—垫梁钢筋

12.梁柱节点钢筋的配置与绑扎（同现浇框架梁钢筋绑扎方法）

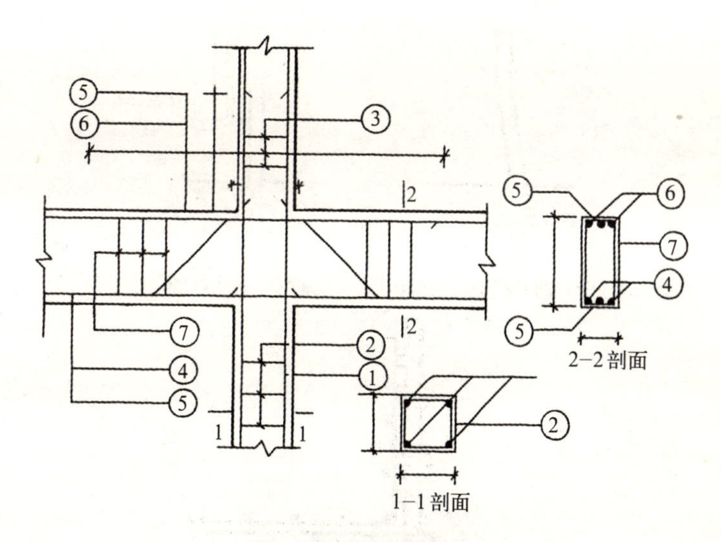

梁、柱节点钢筋示意图

1—柱子立筋；2、3—柱子箍筋；4、5、6—梁立筋；7—梁箍筋

13. 楼梯钢筋的绑扎（同现浇框架梁、板钢筋绑扎方法）

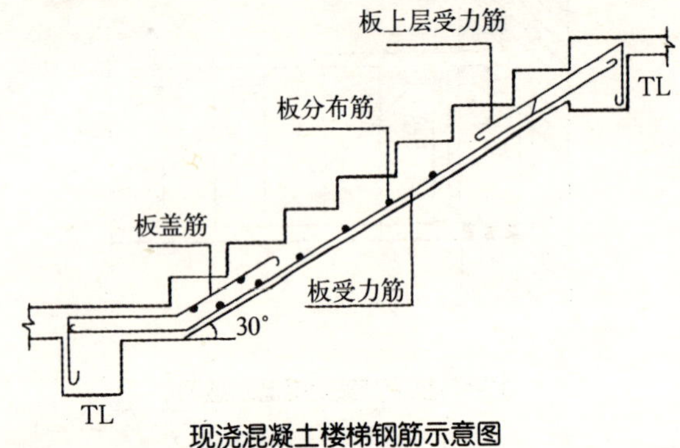

现浇混凝土楼梯钢筋示意图

14. 墙板（双层网片）钢筋的绑扎

(1) 调整位移钢筋：将位移钢筋按1∶6坡度进行调整，也可以用垫筋焊接的方法调整，但是双面焊缝长度应满足规范的规定；

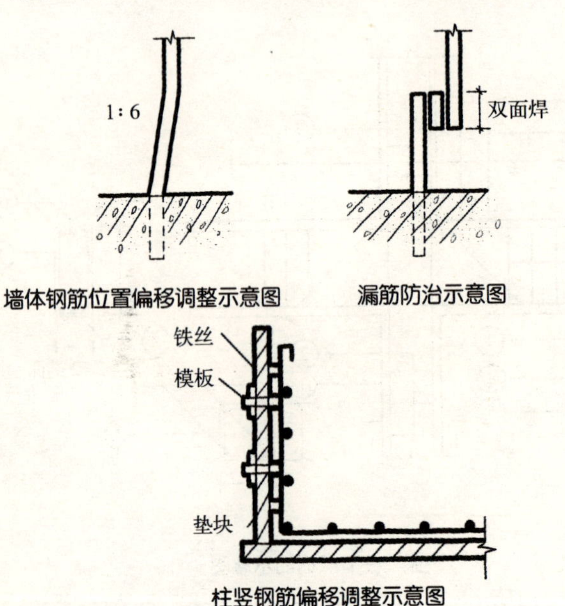

墙体钢筋位置偏移调整示意图　　漏筋防治示意图

柱竖钢筋偏移调整示意图

（2）绑扎网片标筋：每道墙先在墙两端和中间各绑扎一根立筋（或梯形工具架），并在立筋上画出水平钢筋间距位置线；

（3）绑扎外侧钢筋网片：墙筋应逐点绑扎；

（4）绑扎内侧钢筋网片：墙筋应逐点绑扎；

（5）绑扎拉结筋：间距800～1000mm，相互错开排列；

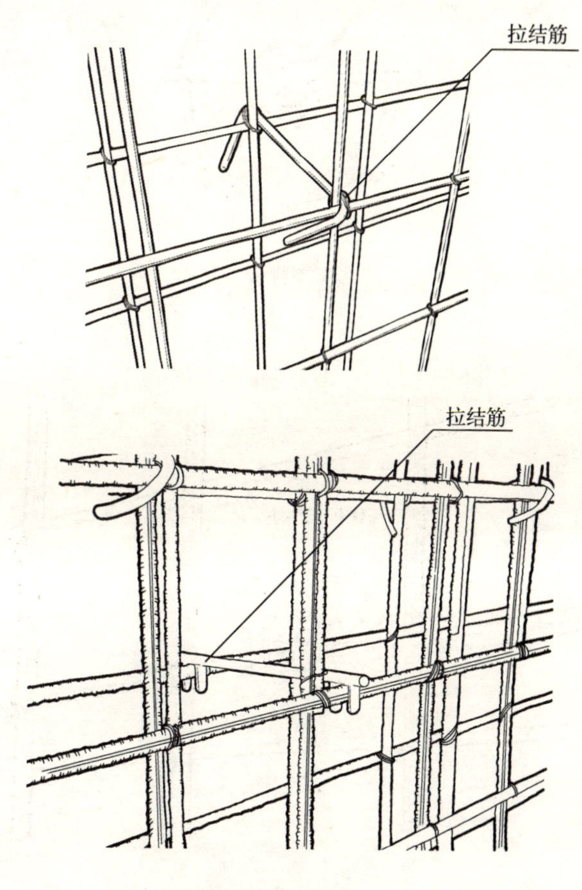

拉结筋绑扎示意图

（6）安放保护层垫块。

塑料卡

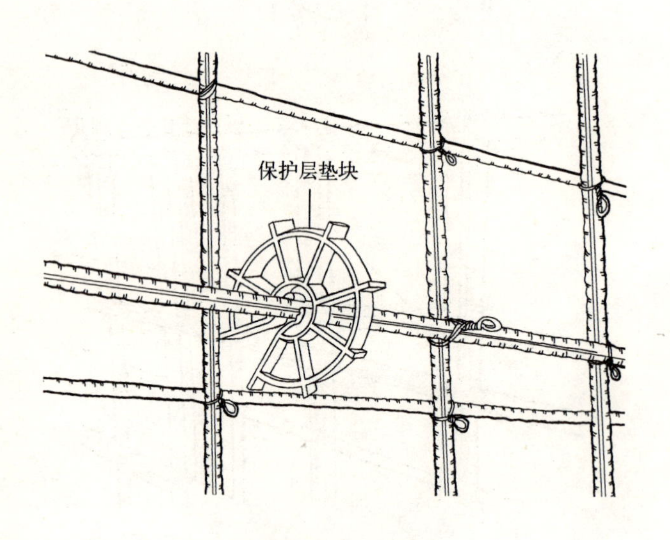

墙壁钢筋绑扎示意图

15. 池壁钢筋的配置与绑扎（同墙板双层网片钢筋的绑扎方法）

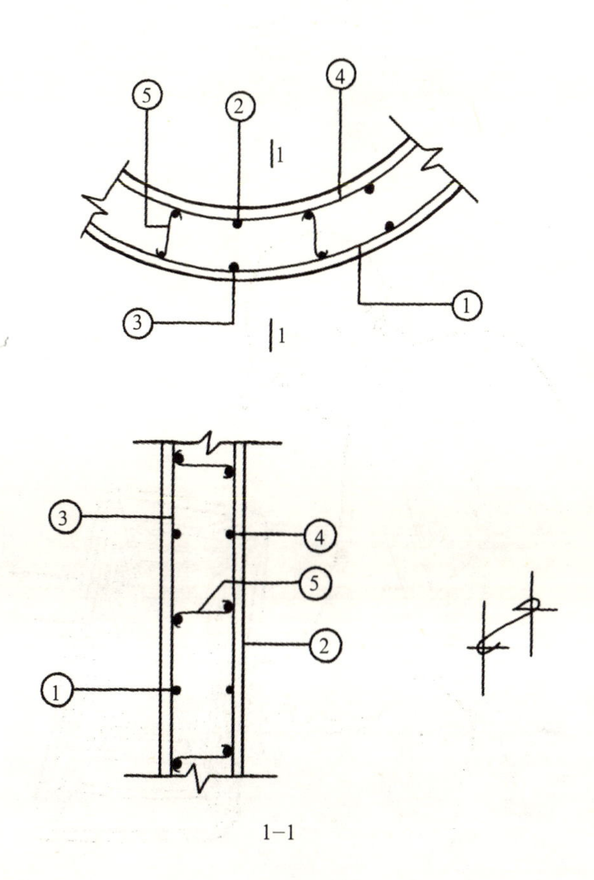

圆形水池池壁钢筋示意图

1—池壁外侧水平弧形钢筋；2—池壁内侧立筋；3—池壁外侧立筋；
4—池壁内侧水平弧形钢筋；5—池壁柱子钢筋，又叫S钩

16.地下室梁钢筋的绑扎（同梁钢筋的绑扎方法）

地下室梁钢筋绑扎示意图

17. 地下室底板钢筋的绑扎

（1）画底板钢筋间距；

（2）摆放下层钢筋并绑扎；

（3）摆放钢筋马凳（钢筋支架）；

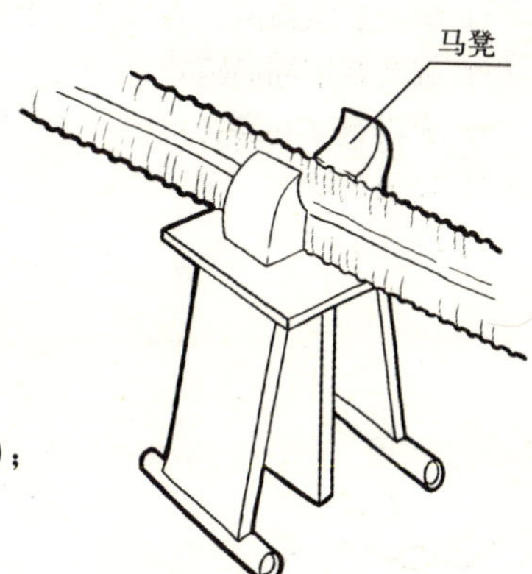

地下室底板钢筋绑扎示意图

（4）绑上层纵横两个方向定位钢筋；
（5）画其余钢筋间距；
（6）穿设钢筋并绑扎；
（7）安放垫块。

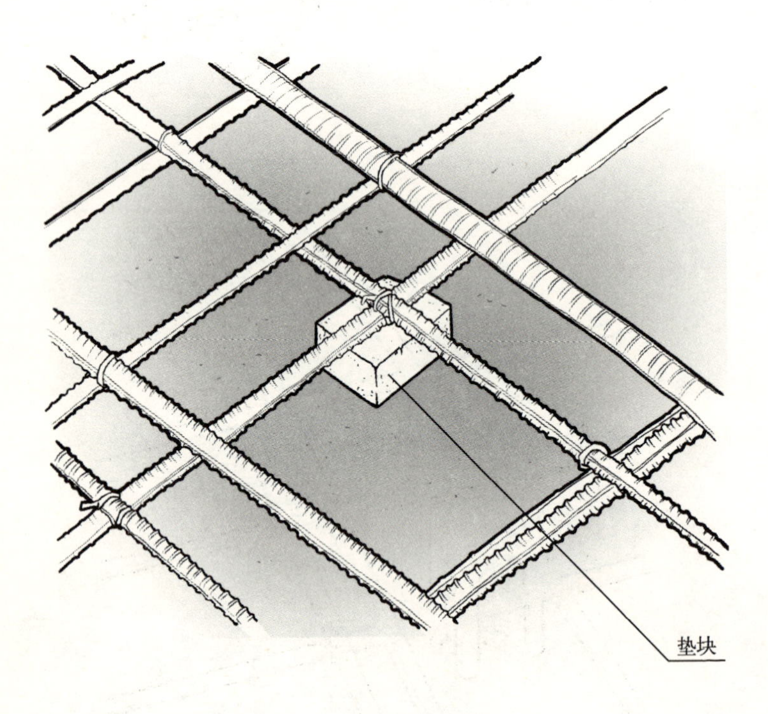

18. 地下室墙筋的绑扎（同墙板钢筋的绑扎方法）

地下室墙板钢筋绑扎示意图

19.滑动模板钢筋的绑扎（同墙板钢筋的绑扎方法）

滑动模板钢筋绑扎示意图

20.剪力墙结构大模板钢筋绑扎（同墙板钢筋的绑扎方法）

21.外保温墙钢筋的绑扎

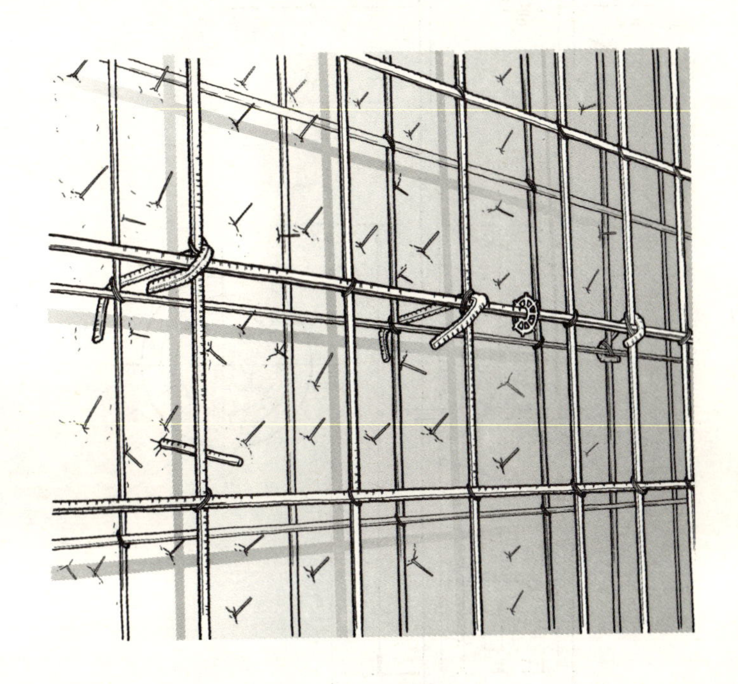

外保温墙示意图

22. 钢筋混凝土桩钢筋笼制作（基本同柱钢筋的绑扎方法）

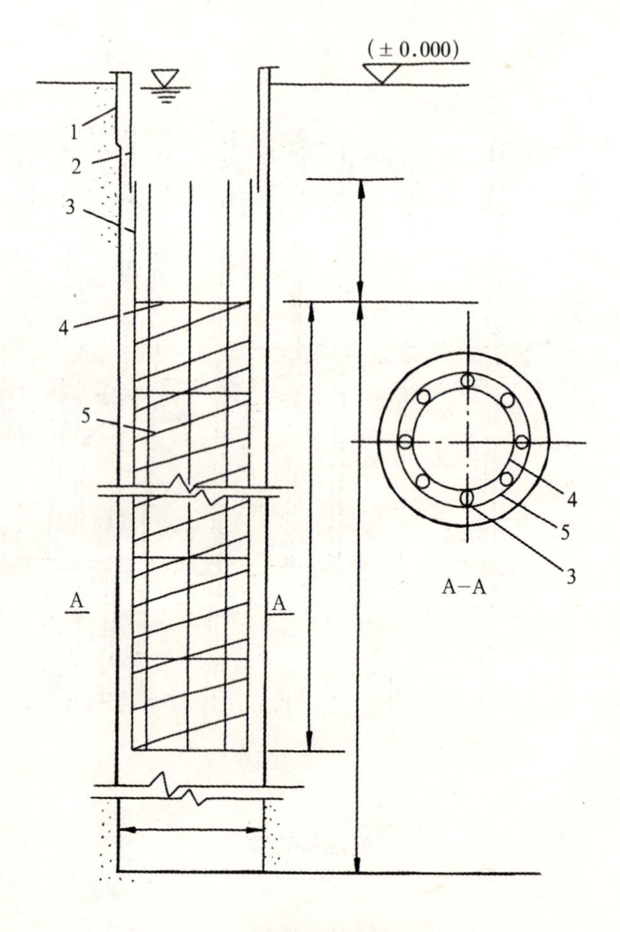

桩身配筋示意图

1—护筒；2—吊筋；3—桩立筋；4—桩立筋固定环形筋；5—桩螺旋形箍筋

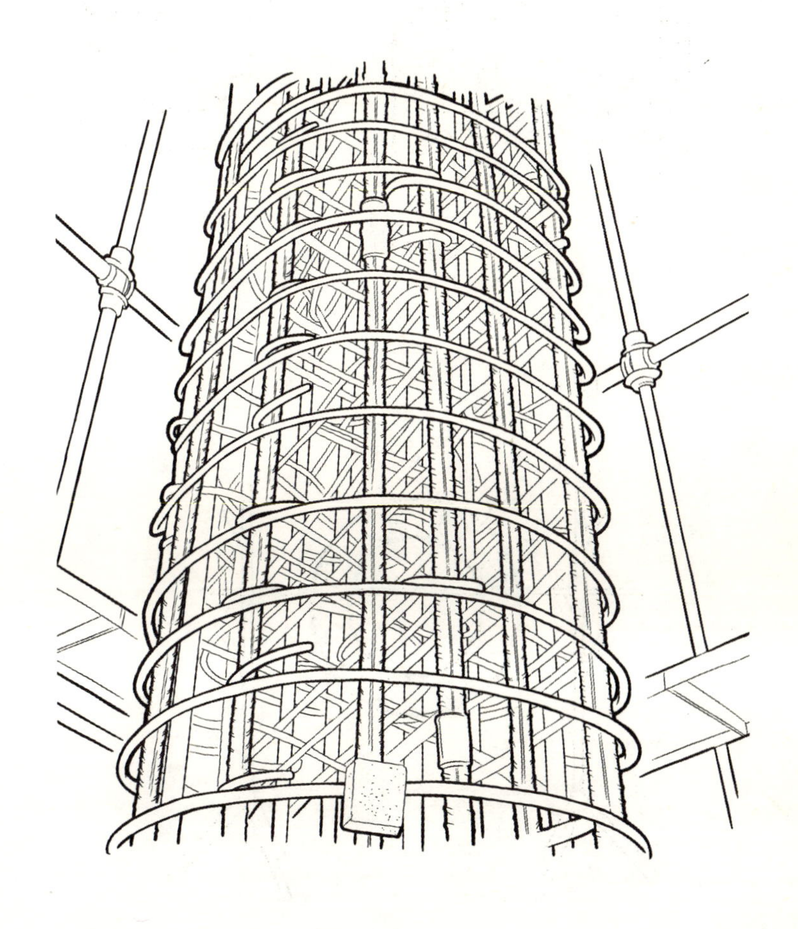

钢筋混凝土钢筋笼制作绑扎完成示意图

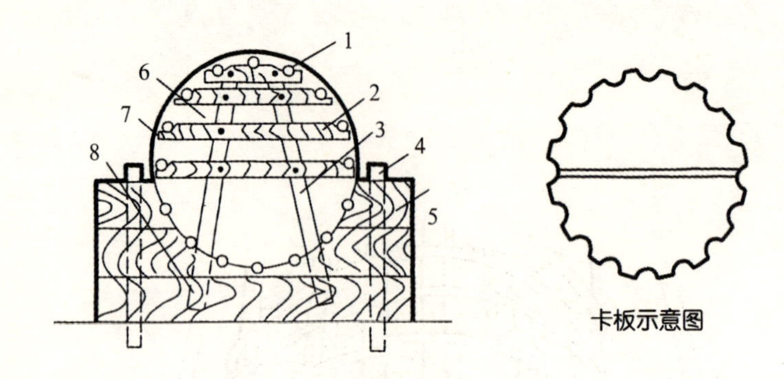

卡板示意图

木支架示意图

1—主筋；2—横木条；3—斜木条；4—支柱；
5—固定支架；6—铁钉；7—箍筋；8—螺栓

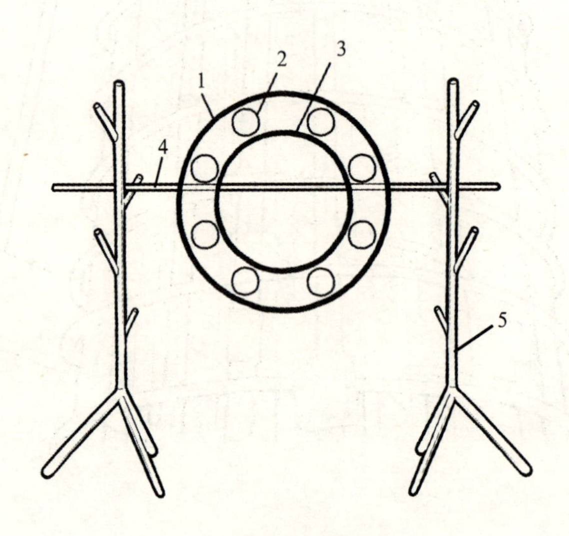

钢管支架示意图

1—箍筋；2—主筋；3—内侧定位筋；4—平杆；5—钢管支架

23.钢筋网片的预制（同板钢筋的绑扎方法）

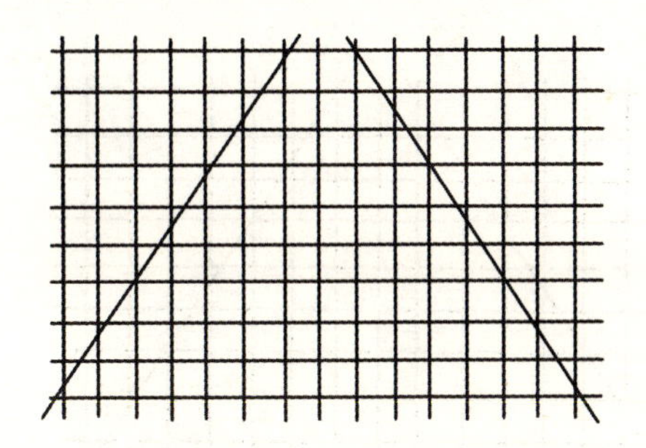

钢筋网片预制示意图

24.钢筋骨架的预制（基本同柱钢筋的绑扎方法）

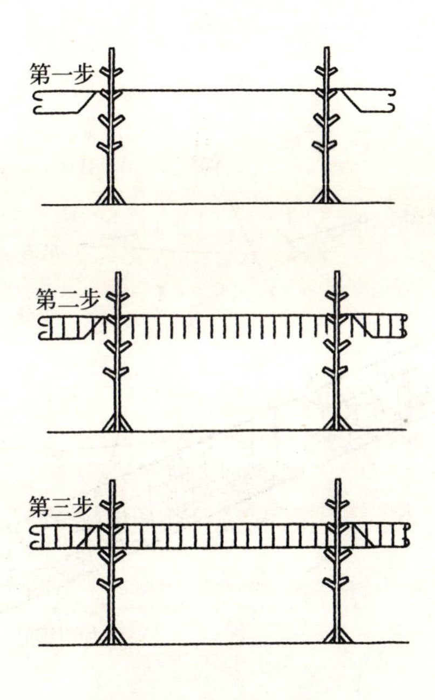

钢筋骨架绑扎顺序示意图

25.预制钢筋网、架的安装

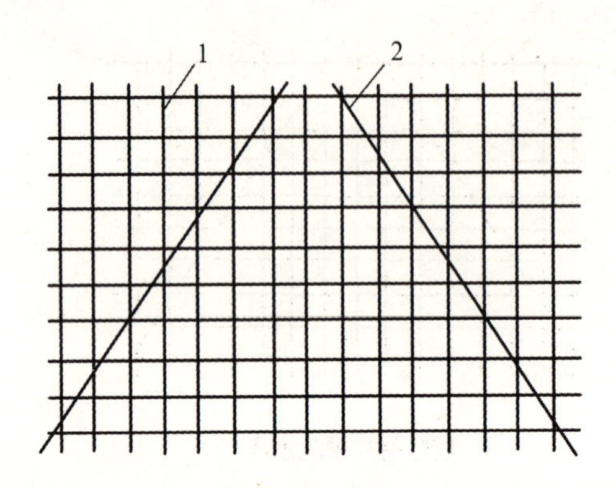

钢筋网片吊装加固示意图

1、2—加固杆

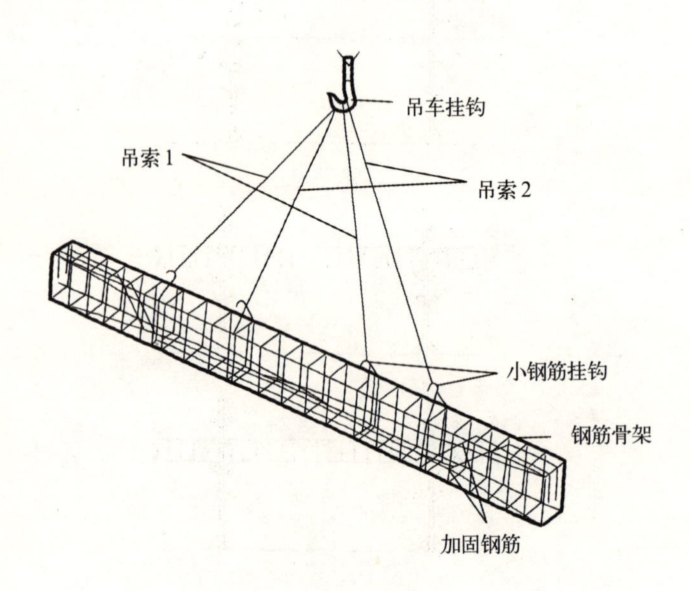

钢筋骨架吊装示意图

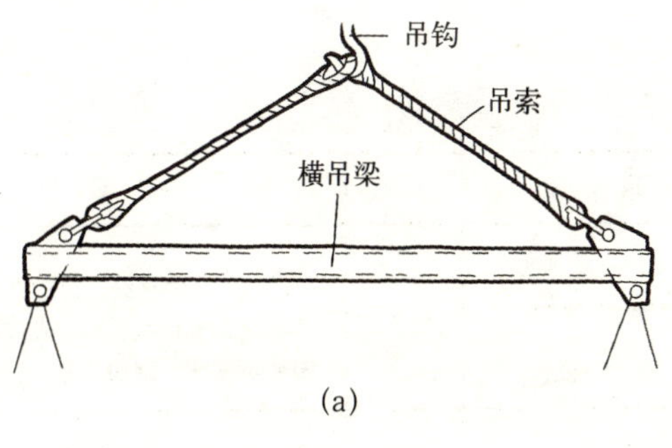

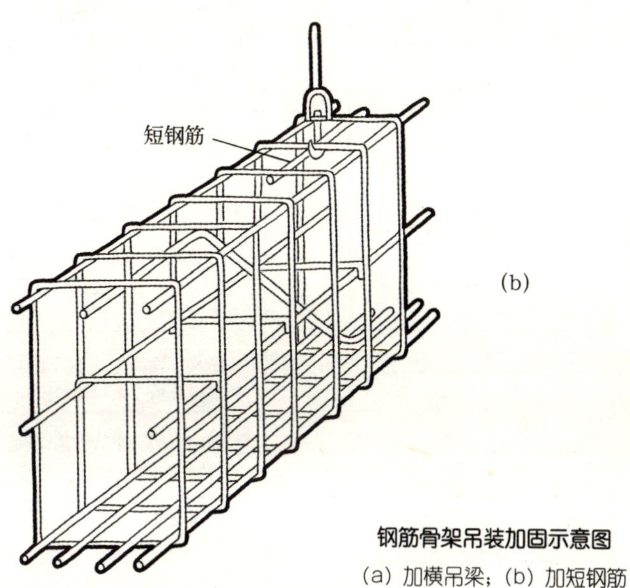

钢筋骨架吊装加固示意图

（a）加横吊梁；（b）加短钢筋

26.胶植钢筋施工工法

（1）弹线定位；

（2）钻孔；

（3）清孔；

（4）注胶；

（5）插筋；

（6）固化；

（7）成品保护。

附件

1.图线

名称		线型	线宽	一般用途
实线	粗		b	螺栓、主钢筋线、结构平面图中的单线结构构件线、钢木支撑及系杆线、图名下横线、剖切线
	中		$0.5b$	结构平面图及详图中剖到或可见的墙身轮廓线、基础轮廓线、钢、木结构轮廓线、箍筋线、板钢筋线
	细		$0.25b$	可见的钢筋混凝土构件的轮廓线、尺寸线、标注引出线、标高符号、索引符号
虚线	粗		b	不可见的钢筋、螺栓线结构平面图中的不可见的单线结构构件线及钢、木支撑线
	中		$0.5b$	结构平面图中的不可见构件、墙身轮廓线及钢、木构件轮廓线
	细		$0.25b$	基础平面图中的管沟轮廓线、不可见的钢筋混凝土构件轮廓线
单点长画线	粗		b	柱间支撑、垂直支撑、设备基础轴线图中的中心线
	细		$0.25b$	定位轴线、对称线、中心线
双点长画线	粗		b	预应力钢筋线
	细		$0.25b$	原有结构轮廓线
折断线			$0.25b$	断开界限
波浪线			$0.25b$	断开界限

2. 一般钢筋图例

序号	名　称	图　例	说　明
1	钢筋横断面	●	表示长、短钢筋投影重叠时、短钢筋的端部用45°斜面线表示
2	无弯钩的钢筋端部		
3	带半圆形弯钩的钢筋端部		
4	带直钩的钢筋端部		
5	带丝扣的钢筋端部		
6	无弯钩的钢筋搭接		
7	带半圆弯钩的钢筋搭接		
8	带直钩的钢筋搭接		
9	花篮螺丝钢筋接头		
10	机械连接的钢筋接头		用文字说明机械连接的方式(或冷挤压或锥螺纹等)

3. 钢筋网片图例

序号	名　　称	图　　例
1	一片钢筋网平面图	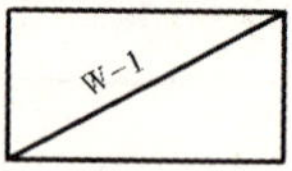 W-1
2	一行相同的钢筋图平面图	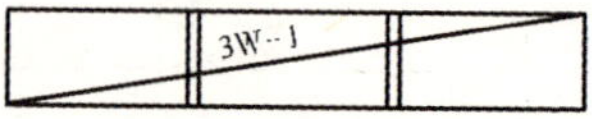 3W-1

4. 钢筋的画法

序号	说　　明	图　　例
1	在结构平面图中配置双层钢筋时，底层钢筋的弯钩应向上或向左，顶层钢筋的弯钩则向下或向右	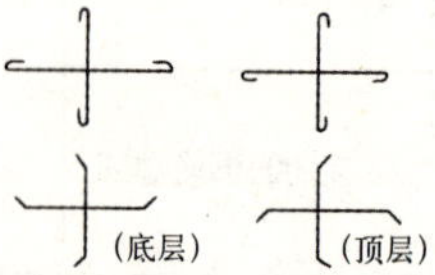 （底层）　（顶层）
2	钢筋混凝土墙体配双层钢筋时，在配筋立面图中，远面钢筋的弯钩应向上或向左，而近面钢筋的弯钩向下或向右（JM 近面；YM 远面）	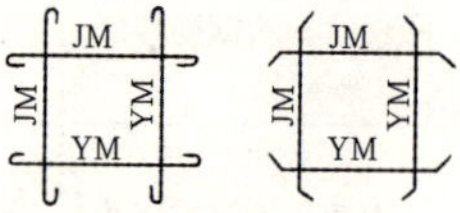 JM　YM　JM　YM
3	若在断面图中不能表达清楚的钢筋布置，应在断面图外增加钢筋大样图（如：钢筋混凝土墙、楼梯等）	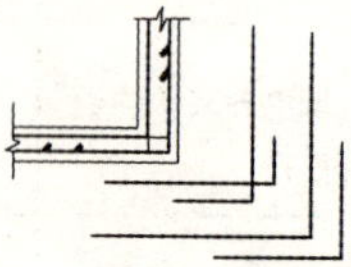
4	图中所表示的箍筋、环筋等，若布置复杂时，可加画钢筋大样及说明	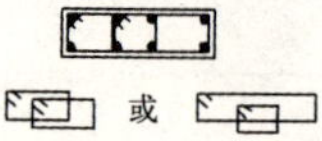 或
5	每组相同的钢筋、箍筋或环筋，可用一根粗实线表示，同时用一两端带斜短画线的横穿细线，表示其余钢筋及起止范围	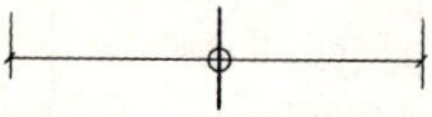

5. 钢筋焊接接头的画法

序号	名　称	接头形式	标注方法
1	单面焊接的钢筋接头		
2	双面焊接的钢筋接头		
3	用帮条单面焊接的钢筋接头		
4	用帮条双面焊接的钢筋接头		
5	接触对焊的钢筋接头（闪光焊、压力焊）		
6	坡口平焊的钢筋接头	60° b	60° b
7	坡口立焊的钢筋接头	45°	45° b
8	用角钢或扁钢作连接板焊接的钢接头		
9	钢筋或螺（锚）栓与钢板穿孔塞焊的接头		

6.钢筋尺寸的标注

钢筋的直径、数量或相邻钢筋中心距一般采用引出线方式标注，其尺寸标注有下面两种形式：

（1）标注钢筋的根数和直径，如梁内受力筋和架立筋：

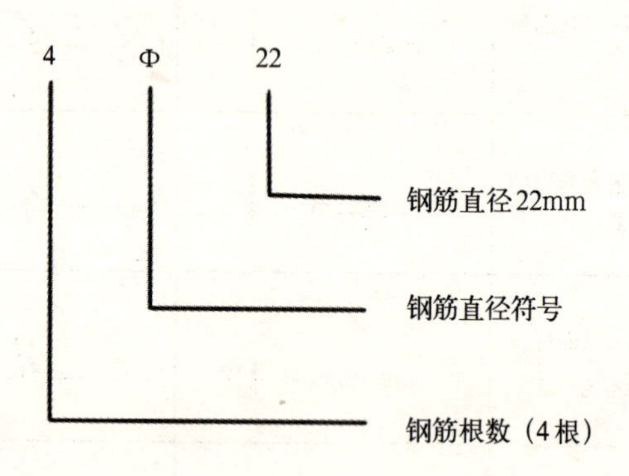

（2）标注钢筋的直径和相邻钢筋中心距，如梁内箍筋和板内钢筋：

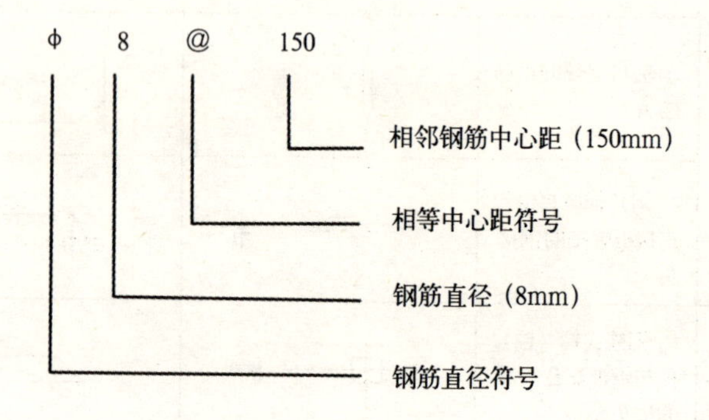

钢筋简图中的尺寸：受力筋的尺寸按外皮尺寸标注，箍筋的尺寸按内皮尺寸标注。

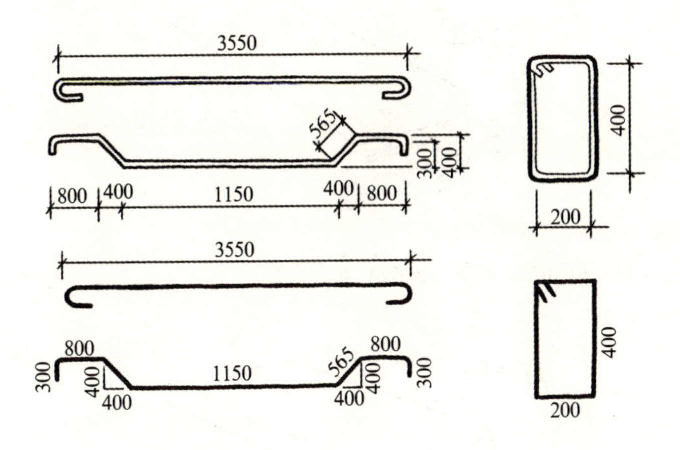

7. 钢筋混凝土的配筋

（1）钢筋混凝土梁的配筋示意图

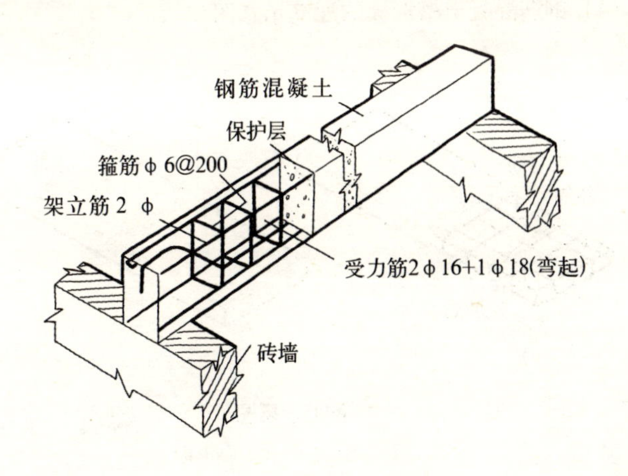

(2) 钢筋混凝土板的配筋示意图

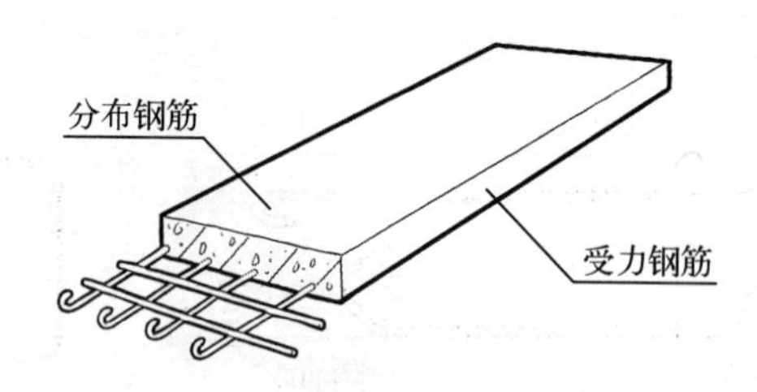

(3) 钢筋混凝土空心板的配筋示意图

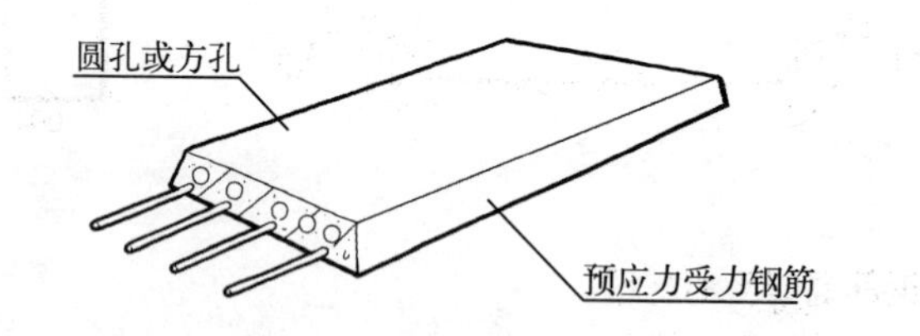

(4) 钢筋混凝土槽形板的配筋示意图

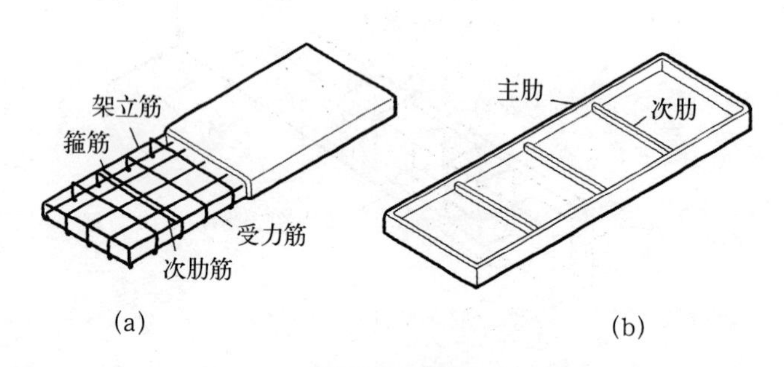

配筋示意图

(a) 槽形板；(b) 倒形板

（5）钢筋混凝土柱内配筋示意图

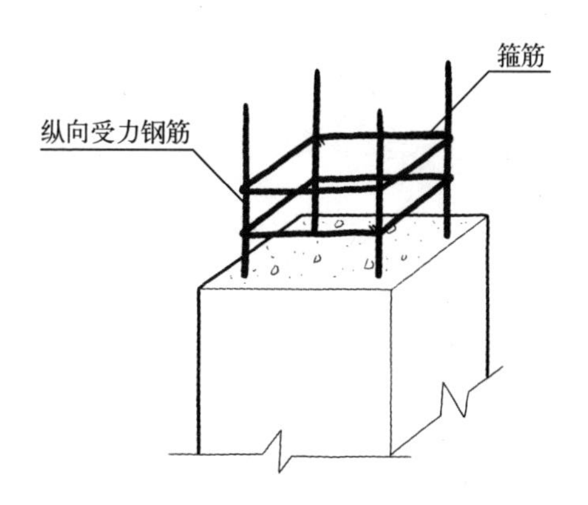

（6）钢筋混凝土墙内配筋示意图

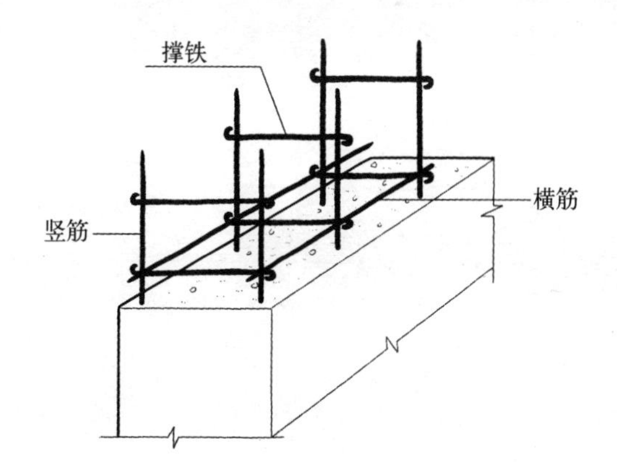